吕仲贤 主编

稻纵卷叶螟
绿色防控

彩色图谱

Pictorial Handbook on
Sustainable Ma
of Rice Leaffo

中国农业出版社

内 容 提 要

　　稻纵卷叶螟是我国水稻上重要的"两迁害虫"之一，主要在我国南方稻区水稻上为害，纵卷水稻叶片取食，给植物的光合作用带来很大影响，大发生时可造成水稻产量下降，使粮食生产蒙受严重损失。

　　全书正文共分5部分，主要介绍稻纵卷叶螟的形态特征、生物学特性、影响发生的生态因子、种群监测、绿色防控技术等内容。附录共7部分，主要介绍稻纵卷叶螟测报技术规范、稻纵卷叶螟防治技术规程、杀虫剂防治稻纵卷叶螟田间药效试验准则、稻田释放赤眼蜂防治稻纵卷叶螟技术规程、稻显纹纵卷叶螟生物学特性、稻纵卷叶螟虫源采集与饲养方法、稻纵卷叶螟主要天敌等内容。

　　本书以文字与图片相结合的形式对稻纵卷叶螟及其绿色防控技术进行了介绍，有助于稻纵卷叶螟知识的普及和绿色防控技术的应用与推广，可供从事水稻害虫研究与应用的科技工作者、各级植保技术人员、农业管理工作者、农林院校师生、新型职业农民等相关人员阅读参考。

编写人员名单

主　　编　　吕仲贤

副 主 编　　陈桂华　杨亚军

编写人员　（按姓氏笔画排序）

王国荣　　田俊策　　吕仲贤

朱平阳　　杨亚军　　张发成

陈桂华　　周小军　　郑许松

钟列权　　徐红星　　郭　荣

黄贤夫　　章云斐　　鲁艳辉

序

　　稻纵卷叶螟是稻田系统的一种重要植食性昆虫，主要以禾本科植物为食，缀叶成虫苞，藏于其中啃食表皮及叶肉，仅留白色下表皮。稻纵卷叶螟不耐低温，只能在南岭以南地区越冬，并周年繁殖。在"绿色革命"以前，稻纵卷叶螟只是一种偶发害虫，并不造成大面积危害。然而，随着矮秆稻的大面积推广，南方稻区双季稻面积不断扩大，为稻纵卷叶螟世代连续繁殖提供了有利条件，为稻纵卷叶螟的灾变提供了食料基础。同时，伴随"绿色革命"而来的化肥投入量的增加，进一步改善了寄主水稻的营养条件，更有利于稻纵卷叶螟种群的增殖，自20世纪60年代中期起，稻纵卷叶螟成为了稻田生态系统的一种主要害虫。

　　多年来，我国科技工作者对稻纵卷叶螟的发生规律开展了深入的研究，明确了迁飞规律，揭示了影响种群发展的主要生态因子，并建立了预测预报和综合防治技术。然而，在实际生产上，人们更注重于化学防治的即时效果，长期大面积使用化学农药，严重杀伤了赤眼蜂等稻纵卷叶螟卵期寄生性天敌、纵卷叶螟绒茧蜂等幼虫期寄生性天敌，以及螟蛉瘤姬蜂等蛹期寄生性天敌，显著破坏了稻田生态系统内在的调控功能，并可能促进害虫抗耐药性的发展，致使稻纵卷叶螟种群数量进一步上升，成为了我国水稻最重要的害虫之一，连年暴发成灾，严重威胁粮食生产的可持续发展。

为了确保我国农业的可持续发展，我们必须转变传统思维方式，尽快从过度依赖于农资投入、拼生态环境的粗放经营转变为注重质量和效益的集约型经营，确保国家粮食安全、食品安全、环境安全。为此，近年来本书作者团队与国内多家单位和学者合作，遵循"绿色植保，公共植保"的指导方针和生态工程的基本原理，围绕稻纵卷叶螟的灾变机理和绿色防控技术开展大量研究工作，并建立试验示范基地，通过实地应用验证，总结出一套从稻田生态系统整体出发，与水稻有害生物持续治理目标一致的稻纵卷叶螟绿色防控技术体系。本书在简单介绍稻纵卷叶螟生物学特性的基础上，介绍了作者研究和总结形成的相关绿色防控技术体系及其原理。同时，本书也提供了相关主要天敌的识别、抗药性检测的方法，以及测报和防治技术规范等基础知识和方法，图文并茂，通俗易懂。相信本书的出版可以加速相关技术的推广应用，为实现稻纵卷叶螟的有效防治和水稻有害生物的可持续治理做出实际贡献。

浙江大学　教授

前　言

　　稻纵卷叶螟是我国水稻上重要的"两迁害虫"之一。稻纵卷叶螟取食并纵卷水稻叶片，给植物的光合作用带来很大影响，大发生时可造成水稻减产。20世纪60年代以后，随着耕作制度的改变、品种更新和密植高肥等措施的实行，稻纵卷叶螟在全国范围内发生数量与为害程度逐年加重，20世纪70年代后在全国主要稻区大发生的频率明显增加；自2000年以来发生日益严重，造成年均粮食损失约76万t；2003年出现全国性的特大暴发，而后连年猖獗为害，2007年再次全国性的大暴发。稻纵卷叶螟发生面积在2003—2010年8年间有6年超过2 000万hm²。2014年全国稻纵卷叶螟累计发生面积1 497.4万hm²次，造成实际损失63.2万t。据农业部统计，2015年稻纵卷叶螟发生面积1 554.51万hm²次，防治面积2 149.50万hm²次，挽回损失447.55万t，实际损失47.52万t。

　　近年来，在"绿色植保，公共植保"方针的指导下，国内科研人员围绕稻纵卷叶螟的绿色防控技术开展了许多研究工作。本书在总结了前人研究成果的同时结合作者最近的研究结果，主要介绍稻纵卷叶螟的形态特征、稻纵卷叶螟的生物学特性、影响稻纵卷叶螟发生的生态因子、稻纵卷叶螟种群监测、稻纵卷叶螟绿色防控技术等内容。附录共7部分，主要介绍稻纵卷叶螟测报技术规范、稻纵卷叶螟防治技术规程、杀虫剂防治稻纵卷叶螟田间药效试验准则、稻田释放赤眼蜂防治稻纵卷叶螟技术、稻显纹纵卷叶螟生物学特性、稻纵卷叶螟虫源采集与饲养方法、稻纵卷叶螟主要天敌等内容。

本书以文字与图片相结合的形式对稻纵卷叶螟及其绿色防控技术进行了介绍，有助于稻纵卷叶螟知识的普及和绿色防控技术的应用与推广，可供从事水稻害虫和其他昆虫研究与应用的科技工作者、各级植保技术人员、农业管理部门人员、农林院校师生、新型职业农民等相关人员学习参考。

本书在编写过程中，得到了国际水稻研究所（IRRI）的Hadi Buyung博士、Josie Lynn Catindig女士和Sylvia Villareal女士，菲律宾大学（UPLB）自然博物馆的Alberto T Barrion博士在天敌鉴定和部分照片拍摄上的帮助。浙江大学杜永均教授、扬州农科院徐健研究员和吉林农业大学臧连生教授提供了有关照片。本书的出版还得到国家水稻产业技术体系（CARS-01）、国家重点研发计划专项（2016YFD0200800）和浙江重大科技专项（2015C2014）的资助。中国农业出版社对本书的出版也给予了大力支持。在此一并表示衷心的谢意。

由于时间仓促，仍有部分图片尚未准备，书中也难免存在错误或疏漏之处，敬请读者批评指正。

编　者

2016年9月

目　录

1 稻纵卷叶螟的形态特征及其与
   近缘种的区别

1.1 稻纵卷叶螟 [*Cnaphalocrocis medinalis*（Guenée）]
   的形态特征

　　成虫：体长7~9mm，翅展12~18mm。复眼黑色，体背与翅均为黄褐色，前、后翅外缘有黑褐色宽边，前翅前缘暗褐色，有内、中、外3条黑褐色横线，中横线短，不伸达后缘。外缘有1条暗褐色宽带。后翅有黑褐色横线2条，内缘线短而不伸达后缘，外横线及外缘线与前翅相同。雄蛾体较小，前翅短纹前端有1黑色毛簇组成的眼状纹，前足跗节基部生有1丛黑毛，停息时，尾部常向上翘起。雌蛾体较大，停息时尾部平直。

图1-1　稻纵卷叶螟成虫
1. 雌　2. 雄

　　卵：近椭圆形，长约1mm，宽0.5mm，扁平，中央稍隆起，

1

图1-2　稻纵卷叶螟卵

卵壳表面有网状纹。初产时乳白色，孵化前变为淡黄褐色。被寄生的卵呈黑褐色。在烈日曝晒下，常变成赫红色。孵化前可见卵的前端隐现1黑色幼虫胚胎头部，孵化后残存的卵壳白色透明。

幼虫：体细长，圆筒形，略扁。共5龄，个别6龄。第一龄体长1.7mm，头黑色，体淡黄绿色，前胸背板中央黑点不明显。一般不结苞，藏于水稻心叶取食。第二龄体长3.2mm，头淡褐色，体黄绿色，前胸背板前缘和后缘中部各出现2个黑点，中胸背板隐约可见2毛片。一般能在叶尖结1～2cm长的小苞。第三龄体长6.1mm，头褐色，体草绿色，前胸背板后缘2黑点转变为2个三角形黑斑，中、后胸背面斑纹清晰可见，尤以中胸更为明显。第三龄以后的幼虫都能吐丝结长苞，有时可缀数叶成苞，苞长约6cm。第四龄体长约9mm，头暗褐色，体绿色，前胸背板前缘2黑点两侧出现许多小黑点，连成括号形，中、后胸背面斑纹

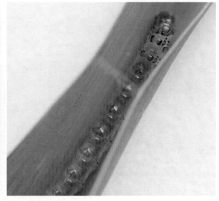

图1-3　稻纵卷叶螟幼虫

黑褐色。苞长约10cm。第五龄体长14～19mm，头褐色，体绿色至黄绿色。老熟后带橘红色。前胸盾板淡褐色，上有1对黑褐色斑纹。中、后胸背面各有8个毛片，分成两排，前排6个，中间2个较大；后排2个，位于近中间。毛片均为黄绿色，周围无黑褐色纹。各刚毛及气门片都为黑褐色。腹足趾钩34～42个，单序缺环。苞长15～25cm以上。

预蛹：体长11.5～13.5mm，比第五龄幼虫短，淡橙红色。体躯伸直，体节膨胀，腹足及臀足收缩，活动能力减弱。

蛹：长7～10mm，长圆筒形，末端较尖细。初为淡黄色，后转红棕色至褐色。翅、触角及足的末端均达第四腹节后缘。腹部气门突出。第四至八腹节节间明显凹入，第五至七节近前缘处各有1条黑褐色横隆线，背面的粗而色深。臀棘明显突出，上有8根钩刺。肛门在第十腹节。雄蛹腹部末端较圆钝，生殖孔在第九腹节，距肛门近；雌蛹末端较细尖，生殖孔在第八腹节后缘，距肛门远，且第九腹节节间缝中央向前延伸呈"八"字形。蛹外常裹白色薄茧。

图1-4 稻纵卷叶螟蛹
1.雌 2.雄 3.示白色薄茧

图1-5　稻纵卷叶螟雌蛹（左）与雄蛹（右）的区别

蛹的发育可分5级。1级：复眼同体色，初期眼点明，后期看不清。2级：复眼分两半，弧线当中嵌，前半新月形，后半椭圆形，色较深。3级：复眼棕黑色，弧线全消失。4级：复眼变乌黑，翅基、前腿黑色条斑现。5级：复眼变赤褐，翅面线纹明，尾节有黑斑，天黑蛾化出。

1.2　稻纵卷叶螟的近缘种的特征

1.2.1　稻显纹纵卷叶螟［*Cnaphalocrocis exigua*（Butler）］

成虫：体浅黄色。翅基部和前缘灰棕色，亚缘区与缘区具C形灰棕色带。前、中、后线明显，后翅前、后线等长，头黄白色，前头两侧窄、白。腹部、后胸浅黄棕色。单眼明显，触角38～40节。雌蛾腹部末端有白色纵带和暗棕色毛。雄蛾黄白色，倒数第二腹节背板具小三角形黑点。雄蛾前足胫节有稀疏毛丛。雌、雄蛾翅展12～14mm。雌蛾生殖器：产卵器刚毛略多，前骨突长度是后骨突的2倍，交配孔略宽，输卵管囊细长、中部颈状轻微骨化，交配囊基部平截，囊突周围被颗粒状物；囊突刺状环绕成菊花状结节。雄蛾生殖器：囊形突V形，基部点状。膜瓣密被刚毛，具尖点状骨突。阳茎圆柱形，具2个坚硬骨化的齿，外侧齿长是内侧的两倍。

图1-6　稻显纹纵卷叶螟成虫

卵：黄色，长0.52～0.63mm，宽0.35～0.42mm。常见于绿色叶片。

幼虫：初孵幼虫长1.22～1.36mm，头壳黑色，宽0.20～0.22mm，体黄色。高龄幼虫黄棕色头，长8.50～11.00mm，宽2mm。毛片浅黄棕色，无环形黑带。后头V形。头壳具3条平行浅纹，上唇平截，左下颚具双齿，触角基膜宽，前胸盾片浅棕色，趾钩三序。头部刚毛P_1、P_2、AF_2在一条直线上。中胸盾片和后胸小盾片L_3上的毛片长于L_1和L_2上的毛片；腹部刚毛SD_1长于L_3。

图1-7　稻显纹纵卷叶螟幼虫及其为害状

蛹：蛹室末端封闭，为排泄物堵住。蛹浅黄棕色，长 6.00 ~ 8.50mm。额顶端具1对中等大小的突起，第四至八腹节节间无折叠。气门小，圆形，两侧凸起。排泄孔与生殖孔位置在雌雄性之间略有不同。雌蛹排泄孔近第八节端部，排泄孔纵向开口；雄蛹则为穿形瓣。臀棘具 7 ~ 8根刺，极少相互重叠。

图 1-8　稻显纹纵卷叶螟蛹

图 1-9　稻纵卷叶螟与稻显纹纵卷叶螟形态区别
稻纵卷叶螟：成虫（1）、卵（3）、幼虫（5）和蛹（7）
稻显纹纵卷叶螟：成虫（2）、卵（4）、幼虫（6）和蛹（8）

1.2.2 宽纹刷须野螟（*Marasmia patnalis* Bradley）

成虫：体暗黄色，前缘脉深褐色，臀区和肘区黄棕色。三条横纹明显，中横纹仅达中室前缘，外横纹向内伸至中间再往下延伸。后翅内横纹较外横纹长。翅亚缘区至缘区棕色，外缘少有黑色点。具单眼。触角52节。其他特征与稻纵卷叶螟相似。雄虫胫节前部具棕色长毛簇，腹部仅倒数第二腹节有黑色横纹。雌虫腹部末端有纵向黑带。雌蛾生殖器：产卵器具短刚毛，骨突柔软，交配孔宽，中等程度骨化，管基片与囊导管愈合前两侧缢缩；囊导管宽于管基片，于靠近后者处针束状。交配囊长卵圆形，囊突四周环绕半卵圆形及梯形结节。雄虫生殖器：抱握器阔卵圆形，囊形突较圆，呈对角向两侧延伸。抱器桥圆柱形，角状器末端具8个尖齿，10～11个相连的顿齿，阳茎端膜中部具18～20个钩状结构。

卵：与稻纵卷叶螟的相似，也有光泽，但较小，长0.70mm，宽0.34mm。

幼虫：老熟幼虫体长18.00～21.00mm，宽1.60～2.70mm，腹部背面具5组卵圆形毛片；头壳长1.24～1.60mm，宽1.20～1.54mm。蜕裂缝窄；上颚具4个齿；栓锥感器和锥形感器伸向顶侧缘。上唇上边缘平直，中央具凹刻；触角基膜圆柱形；前胸盾片后部具半三角形斑纹，其余特征同稻纵卷叶螟；前胸背板毛片非环形，半对角形黑斜纹线指向外缘；跗节 I 基部宽，顶部锥形；足 I 跗节爪基部膨胀，尖端钩状；足 II 和足 III 较前足细长；趾钩三序，但有些二龄幼虫二序。I–IV节刚毛SD_1长于L_3。

蛹：暗红色；额中等平截，少有圆形；后跗节伸至第五体节，第四至六节的基部1/4较末端体节表面粗糙且颜色深；第八节末端凸起；与稻纵卷叶螟相比第九至十节较圆滑；排泄孔周围裂叶状；臀棘具8根刺；体基部从第八节始被阔环窝分离。

1.2.3 淡缘刷须野螟［*Marasmia ruralis*（Walker）］

成虫：体暗黄色。前翅具3条浅黄色横纹，前缘脉具银白色与黑色交错分布的点或三角形斑。仅雄虫前翅具银白色和黑色相间的鳞片。雄虫腹部末端长且无斑纹；雌虫则有两条短黑色、基部连接的斜纹，雌雄虫腹部其他节均具斑纹。翅展15～17mm。雌蛾生殖器：导管端片在弱毛片状囊导管前逐渐与交配囊相连，结状囊突周围有少量刺状颗粒。雄蛾生殖器：抱握器腹具刺状结构，抱握器细长形或卵圆形，囊形突结状，插入器细长，阳茎端膜具刺突状阳茎针。

卵：刚产的卵浅黄色，平圆形，形状与稻显纹纵卷叶螟相似，但略大，长0.67mm，宽0.45mm。

幼虫：老熟幼虫长15.00mm，宽1.60mm；中、后胸背板上有成对黑色刚毛。头部6～7条浅棕色带。上唇中间缺裂，后部凸起；前胸盾片侧缘颜色加深；下颚具4齿；触角基膜略呈圆柱形；感器轻微分离；臀板心形；第六至九节腹部背板具黑色刚毛；腹节刚毛SD_1长于L_3，第九节上L_1略短于D_2；趾钩三序，足Ⅰ爪粗壮，略弯曲，足Ⅱ和Ⅲ尖锐、细长、基部中等程度膨大。

蛹：红棕色。长11～15mm，宽1.2～1.5mm；额有2个凸起；后跗节伸达第五节；臀棘较为细长，具6根刺。

1.3 稻纵卷叶螟与其近缘种的区别

成虫：

1　前翅R_2、R_1脉分离，前缘脉有或无三角形斑，后横纹非达后翅斜脉　……………………………………………………　2

1'　前翅R_2、R_1脉前端耦合，前缘脉无三角形斑；两翅外横纹线直，相连。前翅中横纹较短，未达翅缘，雄虫中横纹具瘤状鳞片簇；雌虫腹部末端的黑色纵条纹宽，雄虫的则细　……………………………………………………稻纵卷叶螟

2　前翅前缘脉具银白色和黑色点/三角形斑；抱握器腹具刺状结构，角状器约具60个齿，抱握器细长形或卵圆形；囊形突结状；交配囊近囊突处具小齿　……………淡缘刷须野螟

2'　前翅前缘脉无三角形斑……………………………………　3

3　小型蛾，翅展12～14mm；前翅后缘与亚后缘区具灰棕色C形带；后翅两条平行纹跨过后翅；抱握器被中等长刚毛，具

刺状结构；囊形突 V 形；阳茎具 2 个坚硬骨化的齿，外侧齿长是内侧的两倍；交配囊基部平截，周围被颗粒状复合物包裹 ··· 稻显纹纵卷叶螟

3' 中型蛾，翅展超过 15mm，前翅后横纹线向内弯曲至短的中横纹末端再向下；后翅后横纹长为前横纹的一半；雄虫腹部除倒数第二节有互相连接的短黑色横条带，而雌虫腹部末端为短黑色纵条带 ···································· 宽纹刷须野螟

卵：

1 黄白色，背面中部微凸，两侧平行，末端常具突起，长为宽的 2 倍多（0.93mm×0.42mm）··················· 稻纵卷叶螟

1' 多圆形末端，较前者小 ······································· 2

2 卵黄色，中部最宽，长 0.52～0.63mm，宽 0.35～0.42mm，末端圆滑，半透明 ························· 稻显纹纵卷叶螟

2' 较前者长 ··· 3

3 长为宽的 2 倍（0.70mm×0.34mm），末端或圆或如稻纵卷叶螟般的凸起 ····························· 宽纹刷须野螟

3' 浅黄色，长比宽长 1/3（0.67mm×0.45mm）····· 淡缘刷须野螟

幼虫：

1 黄色，无黑色毛片；头部刚毛 P_1、P_2、AF_2 位于同一直线上；中胸盾片和后胸小盾片 L_3 的毛片长于 L_1 和 L_2 上的毛片；上唇平截；下颚具双齿；前胸盾片浅棕色 ········ 稻显纹纵卷叶螟

1' 毛片部分或全部黑色，其他特征不同于以上所述··················· 2

2 臀板黑色，三角形至心形；毛片全部黑色，前胸盾片两侧浅色；上唇前侧缘凸起；下颚具 4 齿，长宽相等；触角基膜薄·· 淡缘刷须野螟

2' 臀板无黑色纹路，其他特征不同上所述··················· 3

3 前胸盾片侧缘三角形，左下颚具 4 齿，上唇上边缘中部轻微缺裂；蜕裂线短；中胸毛片斜对角形指向外缘；触角基膜

圆柱形；栓锥感器和锥形感器伸向顶侧缘；前足基节不宽
··宽纹刷须野螟

3′ 前胸盾片侧缘圆形；左下颚具3齿；上唇上边缘中部具2个小
沟；蜕裂线中等长；中胸毛片在外缘呈C形；触角基膜宽，
栓锥感器和锥形感器向上突起；前足基节非常宽······稻纵卷叶螟

蛹：

1 黄棕色，长6.0～8.5mm，腹部第五至八节间无折叠。臀
棘具7～8根钩刺。额背面具圆形突起，眼点略呈梯形
···稻显纹纵卷叶螟

1′ 红棕色·· 2

2 眼点圆形；中胸背板后缘凸起，最宽处凹陷；臀棘6根刺；后
足跗节达第五腹节，第八至十节在臀棘前宽、圆···淡缘刷须野螟

2′ 无以上所述特征·· 3

3 眼区近球形；额中等平截，略凸起；雄蛹后足跗节达第五腹
节；雌蛹生殖孔裂叶状结构；蛹末端臀棘前部圆；臀棘具8根
刺···宽纹刷须野螟

3′ 眼区卵圆形；额略凸起，顶端微凹。雌蛹排泄孔结状，雄蛹
的则为封闭的双裂叶状；腹部末端锥形；臀棘具7～8根刺
···稻纵卷叶螟

2 稻纵卷叶螟的生物学特性和为害损失

2.1 寄主植物和地理分布

稻纵卷叶螟主要为害水稻，偶尔为害玉米、大麦、小麦、甘蔗、粟，还能取食稗、李氏禾、雀稗、马唐、狗尾草、茅草、芦苇、柳叶箬等禾本科杂草。稻纵卷叶螟在国外分布于朝鲜、日本、泰国、缅甸、印度、巴基斯坦、斯里兰卡等国，国内广泛分布于全国各稻区，北起黑龙江、内蒙古，南至台湾、海南省。

图2-1　稻纵卷叶螟在水稻（左）和玉米（右）上取食为害

2.2 越冬和迁飞

稻纵卷叶螟具有远距离迁飞特性。在我国东半部地区的越冬北界为1月份平均4℃等温线，相当于北纬30°一线，在北线以北地区，任何虫态都不能越冬，每年初发世代的虫源均由南方迁飞而来。张孝羲等（1980a）把稻纵卷叶螟的越冬区域划分为周年繁殖区、冬季休眠区（越冬区）和冬季死亡区。稻纵卷叶螟在我国的发生世代数随着纬度的升高从南至北顺次递减。依据稻纵卷叶螟在我国东半部地区的发生代数、主害代为害时期、越冬情况及水稻栽培制度等，可以区划为海南周年为害区、岭南区、江岭区、江淮区和北方区，其中江岭区由于早稻栽插、成熟期和虫源迁出期不同，又可分为岭北和江南两个亚区（张孝羲等，1980）。春夏季北迁主要是由逐渐上升的温度所致，秋季光照时间的逐渐缩短并伴随温度的逐渐降低是导致南迁的主要因素。春夏季北迁的临界高温是日均温28.2℃，秋季南迁的临界光照时间为日光照13h 30min，温度为24℃（吴进才，1985）。各自然发生区域迁出的温、光临界值有所不同，幼虫期食物及成虫期补充营养对迁飞有显著的影响（吴进才，1985）。

2.3 卷叶取食为害特性

稻纵卷叶螟幼虫一般选择水稻植株上层叶片卷叶，超过70%的卷叶在倒二叶，其余在倒三叶。卷叶长度平均8cm，占叶片总长的22%。有些卷叶占满整张叶片。平均每个卷包10组丝，平均1.4组/cm。幼虫选择叶片的时间平均为（1.4±0.1）~（4.6±2.6）min，在抗虫品种上则选择时间较长。首次卷苞长度为（2.6±0.1）~（6.3±0.2）cm，丝线组数为（6.0±0.4）~（14.3±1.1）组。每个卷包幼虫头部摆动次数为（286.0±17.9）~（838.0±23.4）次，每组丝幼虫头部摆动次数为（42.0±6.2）~（131.0±7.9）次。完成1个卷包时间为（8.4±1.6）~（21.7±3.9）min（Islam and Karim，1997；Punithavalli，2013）。

稻纵卷叶螟第二、三代幼虫生活习性基本一致，初孵幼虫先从叶尖沿叶脉来回爬动，大部分钻入心叶，导致心叶出现针尖大小的白色透明点，很少结苞，也有少数在叶边缘吐丝卷叶，但吐丝范围小，卷苞长2.0~2.7cm，不转叶为害。第二龄开始常在叶尖卷成长达4～8cm的小卷苞为"卷尖期"，为害处呈透明白条状，仍不转叶为害。第三龄后期始转叶为害，一般在黄昏19～20时及凌晨4～5时转移，虫苞多为单叶管状。第四龄后转叶频繁，虫苞上形成白色长条状大斑。第五龄时全叶纵卷。幼虫期一般可为害5～6张叶片，面积为22.57cm^2，第一至三龄食量很少，只占总量的4.6%，第四龄食量增大，第五龄为暴食阶段，占总量的79.1%～89.6%（张孝羲等，1980）。

图2-2　稻纵卷叶螟幼虫吐丝卷叶

2.4　交配习性

　　稻纵卷叶螟在25℃时的求偶行为呈现昼夜节律。在光周期L：D（光照：黑暗）=15：9的条件下，雌蛾求偶行为最频繁时间为5～7时。4日龄雌蛾在L：D=15：9的条件下进入自由活动的求偶节律，在连续黑暗期求偶至少两次以上。求偶节律受光照的抑制，不同的光周期对求偶行为有影响，以开始黑暗作为启动求偶行为的信号（Kawazu et al.，2011）。稻纵卷叶螟的交尾反应发生在黑暗时期，雌虫在黑暗1h后开始求偶，求偶时弯曲腹节，重复地伸缩腹部末节，雄虫的反应为触角急速摆动、振翅及追逐雌虫。稻纵卷叶螟交尾行为可区分为7个步骤，最后以雄蛾与雌蛾尾对尾的形式交尾。成虫在黑暗第九小时交尾活动达到最高峰，但因成虫虫龄的不同而有些微差异。雌蛾平均各日龄的发情率，以多只雌蛾在一起较单头时高，而各日龄的平均发情率除第七日龄外都比单头时高。雌蛾在黑暗期的发情活性随日龄的增加而提高，发情活性的高峰期分散在黑暗期8.5～10.5h。稻纵卷叶螟成虫交尾性与日龄有关。稻纵卷叶螟的交尾活性自第六日龄起明显的比第一至五日龄高。第六至九日龄的发情活性，除第八日龄仅47%外，第六、七和九日龄均达60%以上，其中以第七日龄的78%为最高（陈先明，1988）。成虫交配历时25～80min不等，以50min居多，解剖表明凡交配20min的雌虫体内已形成精珠（陆自强，1981）。交配3次的稻纵卷叶螟数量低于交配两次或1次的（Kawazu et al.，2014）。

2.5 产卵习性

稻纵卷叶螟成虫产卵活动多在夜晚。卵在田间的垂直分布与水稻的生育阶段、叶位有关。不同生育期，卵分布都趋向植株中上部，而又以倒二叶最多，叶片反面的卵量大于正面。每雌成虫一生可产卵40～50粒，多的可达210粒。各代所处自然条件不同，产卵量差异较大。25.0℃时产卵量可达（170.5±45.54）粒/雌，17.5℃时产卵量低至（11.0±3.68）粒/雌。遇高温干旱天气，产卵量减少或不能产卵。第二至四代稻纵卷叶螟雌成虫产卵前期一般为3d，第五代为6～7d。产卵期一般为3～4d，最长9d，头两天产卵最多，可占60%。20.0℃时产卵期可达（8.0±1.09）d，而35.0℃时仅（2.3±0.48）d。成虫寿命一般为4～5d，长的可达10～12d，最短仅2d。成虫具有较强的趋光性。在闷热、无风的黑夜，扑灯量很大，且以上半夜为多。雌蛾强于雄蛾，在灯下雌蛾可占58%～88%，且多数系怀卵雌蛾。白天，成虫都隐藏在生长茂密、荫蔽、湿度较大的稻田里，具有趋荫蔽性，如无惊扰，很少活动。有的能在早上飞向稻田附近生长荫蔽茂密的菜园，或棉田、薯地、屋边、蔗田，以及沟圳边、小山上的杂草、灌木丛中栖息，晚上又飞回稻田产卵。成虫产卵具有趋嫩绿性，生长嫩绿繁茂的稻田，受卵量比一般稻田高几倍，甚至十几倍。由于卵量不同，各类型水稻的被害程度差异很大。此外，近蜜源多的稻田着卵量也较多，受害也重。因为成虫有趋蜜性，吸食花蜜及蚜虫分泌的蜜露汁为补充营养，以延长寿命，增加产卵量（浙江农业大学，1982）。

2.6 发生量与为害损失

20世纪60年代后，随着耕作制度的改变、品种更新和密植高肥等措施的实行，稻纵卷叶螟在全国范围内发生数量与为害程度逐年加重，20世纪70年代后在全国主要稻区大发生的频率明显增加；自2003年以来发生日益严重，2003—2007年年均粮食损失约76万t；2003年出现全国性的特大暴发，而后连年猖獗为害，2007年再次全国性大暴发；稻纵卷叶螟发生面积在2003—2010年8年间有6年超过2 000万hm²（刘宇等，2007；郭荣等，2013）。据农业部统计，2015年稻纵卷叶螟发生面积1 554.51万hm²次，防治面积2 149.50万hm²次，挽回损失447.55万t，实际损失47.52万t。

稻纵卷叶螟是一种取食水稻叶片而间接造成水稻产量损失的害虫。狭义的害虫为害损失主要是指害虫取食后造成作物产量下降或者品质下降的损失。广义的害虫为害损失则包含了防治费用的间接损失和害虫为害引起的减产和品质下降的直接损失，甚至还应考虑过度施用农药后，促进害虫抗药性、加剧环境污染和农药残留等长远的损失。根据害虫发生量与其为害损失确定经济阈值，根据害虫发生量与为害之间的关系制定稻纵卷叶螟的防治指标。稻纵卷叶螟的发生与多种因素有关，影响稻纵卷叶螟发生的因子在第三章中详细介绍。水稻的产量损失不仅与害虫的发生量有关，还与水稻品种、为害时期，甚至与年份和地域等有关。确定发生量与为害的关系要根据不同品种的特性等多种因素进行分析。植物对害虫取食具有一定的耐受能力和补偿能力，不同品种之间耐受能力和补偿能力的差异将会导致同样的害虫发生量但为害程度却不同的现象。不同水稻品种其耐受能力和生育期补偿能力的差异也是决定害虫发生量与为害之间关系的重要因素。江苏扬州地区武运粳23孕穗末期至抽穗前期，在稻纵卷叶螟第二龄幼虫0～20头/穴范围内，随着虫量的增加，叶片卷叶率增大、水稻产量下降、水稻产量损失率增高（刘学儒等，2010）。

2.7 作物补偿作用与为害损失

昆虫在一定程度上取食植物，最后不仅不会危害植物的生长和生存，相反还会对植物的生长发育有促进作用，这种促进作用可以弥补植物因昆虫取食造成的营养和生殖的损失。植物对于昆虫取食胁迫引起的损失具有弹性弥补的作用。促进作用所增加的生长量超过取食造成的损失时，昆虫取食对植物的生长和生存反而有利。水稻被稻纵卷叶螟取食为害后，也表现出很强的自然补偿作用。模拟剪叶试验表明，水稻分蘖期剪叶模拟稻纵卷叶螟为害，对水稻各项生长指标均无显著影响，叶绿素含量也无显著差异，各处理产量与对照无显著差异，剪叶10%～20%均有增产；拔节期剪叶各处理叶绿素含量均显著高于对照处理，剪叶40%以上时叶绿素含量显著升高，每穗实粒数显著下降；各处理产量与对照处理无显著差异，剪叶10%时略有增产；孕穗末期剪叶30%以上，空壳率显著增加，产量下降。

图2-3 稻纵卷叶螟田间为害状

在水稻产量定型的成熟期，水稻顶叶被害50%±5%时，千粒重不受影响；当顶叶被害90%以上时，千粒重损失3.15%，空秕粒率无差别。虫害株的自然补偿作用，主要表现在倒二叶形态和生理的变化：叶面积比对照增加12.23%；总光合强度平均增加干重5.489 6mg/（dm^2·h）；鲜叶呼吸强度平均增加（CO$_2$）0.462 5mg/（g·h）；叶绿素相对含量无变化。水稻顶叶被害

50%，相当于田内理论载虫量59头/百丛（金德锐，1984）。

　　苗期经10%、30%、50%和70%不同比例的模拟剪叶后，对甬优8号和宁88的生长和产量均无影响。两个水稻品种分蘖期的分蘖数和穗期株高在不同处理间都无显著差异。苗期不同比例的剪叶不影响稻谷的千粒重和产量，在苗期即使剪去70%的叶片产量也不受影响。剪叶反而有促使水稻产量增加的趋势，特别是甬优8号在剪叶30%、50%和70%时的产量均高于对照，两个品种分别在剪去50%和30%时的产量均为最高（表2-1）。

表2-1　苗期不同程度剪叶率对水稻生长和产量的影响（Mean ± SE）
（吴降星等，2013）

品　种	剪叶率（%）	分蘖数	株高（cm）	千粒重（g）	每667m² 实产（kg）	减产率（%）
甬优8号	0	20.47 ± 0.22a	113.50 ± 1.32a	28.57 ± 0.81a	591.07 ± 19.24a	
	10	20.40 ± 0.81a	114.03 ± 1.98a	28.53 ± 0.64a	589.41 ± 10.01a	0.28
	30	19.93 ± 0.94a	114.63 ± 1.38a	29.17 ± 0.95a	628.42 ± 19.27a	−5.07
	50	19.86 ± 0.41a	113.67 ± 0.93a	28.73 ± 0.44a	623.67 ± 20.70a	−5.51
	70	20.40 ± 0.92a	113.57 ± 1.93a	28.63 ± 0.61a	621.03 ± 14.66a	−5.07
宁88	0	21.53 ± 0.58a	89.58 ± 1.27a	25.24 ± 0.58a	525.62 ± 9.16a	
	10	21.80 ± 0.23a	90.33 ± 1.17a	25.53 ± 0.61a	523.03 ± 15.60a	0.49
	30	20.67 ± 0.55a	90.59 ± 0.47a	25.70 ± 0.30a	532.72 ± 14.80a	−1.35
	50	20.27 ± 0.37a	90.74 ± 0.53a	25.27 ± 0.39a	514.26 ± 11.47a	2.16
	70	19.93 ± 0.29a	89.17 ± 1.08a	24.96 ± 0.50a	517.28 ± 10.02a	1.59

　　注：同列数据后不同小写字母表示经Tukey检验后在$p<0.05$水平上存在显著差异。

　　两个水稻品种甬优8号和宁88分蘖期经10%、30%、50%和70%不同比例的剪叶，对其生长和产量也基本没有影响。不同比例剪叶处理间，甬优8号和宁88的株高、分蘖数、千粒重和对照都无显著差异。分蘖期剪叶也未导致甬优8号和宁88减产，其中甬优8号在剪叶10%时还比对照增产8%以上，差异达显著水平（表2-2）。

表2-2　分蘖期不同程度剪叶率对水稻生长和产量的影响（Mean±SE）

（吴降星等，2013）

品　种	剪叶率（%）	株高（cm）	千粒重（g）	每667m² 实产（kg）	减产率（%）
甬优8号	0	112.37±0.74a	29.20±0.56a	601.4±13.10b	
	10	113.14±0.48a	29.44±0.91a	651.93±6.64a	−8.40
	30	113.15±0.60a	29.15±0.49a	581.80±12.44b	3.19
	50	111.10±0.93a	28.65±1.04a	571.40±17.20b	4.99
	70	112.36±1.02a	28.93±0.37a	581.60±11.25b	3.29
宁88	0	88.27±0.76a	26.53±0.54a	515.68±9.26a	
	10	87.20±0.69a	26.20±0.29a	525.26±9.23a	−1.86
	30	87.22±0.69a	26.20±0.33a	527.33±14.95a	−2.26
	50	87.07±1.05a	26.67±0.76a	498.87±16.23a	3.26
	70	86.37±0.78a	25.92±0.79a	496.86±11.32a	3.65

注：同列数据后不同小写字母表示经Tukey检验后在 $p<0.05$ 水平上存在显著差异。

与苗期和分蘖期剪叶不同，孕穗期剪叶会造成水稻千粒重下降和产量损失，其中宁88剪叶50%时千粒重显著低于对照；剪叶10%时基本不造成产量损失，剪叶20%时，甬优8号和宁88减产率为5%~6%，剪叶30%时，两品种的减产率均小于10%。当剪叶50%时则会造成较大的产量损失，和对照比较两品种的产量均显著降低，甬优8号减产21.44%，宁88则减产24.89%（表2-3）。

表2-3　孕穗期不同程度剪叶率对水稻产量的影响（Mean±SE）

（吴降星等，2013）

剪叶率（%）	甬优8号			宁88		
	千粒重（g）	每667m² 产量（kg）	减产率（%）	千粒重（g）	每667m² 产量（kg）	减产率（%）
0	29.38±0.39a	638.50±27.02a		27.23±0.42a	535.99±14.33a	
10	29.41±0.56a	634.37±5.98a	0.60	27.17±0.41a	535.52±12.47a	0.08
20	29.17±0.38a	601.33±14.13ab	5.82	27.05±0.38a	507.44±7.82ab	5.33
30	28.79±0.72a	584.05±14.27b	8.53	26.19±0.22ab	491.64±9.99ab	8.27
50	27.84±0.36a	501.60±8.51c	21.44	25.63±0.21b	402.59±19.12c	24.89

注：同列数据后不同小写字母表示经Tukey检验后在 $p<0.05$ 水平上存在显著差异。

3 影响稻纵卷叶螟发生的生态因子

3.1 耕作制度

20世纪60年代后，东南亚国家大面积推广应用矮秆阔叶水稻品种，提高了复种指数，且推广品种比较感虫。我国南方稻区也进行大规模的水稻种植制度改革，北方旱作区扩种了水稻。同时，在全国主要稻区实行了高秆改矮秆品种的更换，加之施肥水平的提高和水稻密植程度的增加，为稻纵卷叶螟南北迁飞提供了适宜的寄主条件，这也是20世纪60年代中后期以来，经常猖獗发生为害的重要原因。随着种植业结构大调整，水稻生产模式从单一纯双季向单双季混栽过渡，又变为以单季为主的种植模式，极大地改变了稻纵卷叶螟的食料结构，促进了种群数量的增加，而虫源地越南、泰国等东南亚国家水稻种植结构和栽培水平也发生了重大变化，这些均影响稻纵卷叶螟的发生。单季稻面积的大增，为迁入代稻纵卷叶螟提供了更加适宜生存与转化的桥梁田，奠定了大发生的物质基础。单季稻播种时间的不断前移和移植时间的提早，使得迁入代的食料条件更好，防治范围扩大，控制难度增加，而且调查发现，稻纵卷叶螟的发生与水稻移栽时间有关，栽得越早的单季稻上稻纵卷叶螟发生为害越重（蔡国梁，2006）。据晋江西滨农场调查，早插田虫口3.66万～4.80万头，高的可达6万～8万头，个别田块达10万头以上；而8月份迟插晚稻田，虫口只有1.15万～2.35万头（陈丽玲，2005）。

以浙江省嘉善县为例，介绍水稻耕作制度对稻纵卷叶螟发生为害的影响（汤明强，2015）。

纯双季稻模式

稻纵卷叶螟第一和二代从南方迁入后在早稻上为害和繁殖。

随着7月下旬早稻收割，第二代大部分虫源遭淘汰，剩下的因食料短缺而不利于生长繁殖，因此第三代虫源基数大大减少。连作晚稻返青后残留虫源和秧苗虫源在连作晚稻上取食繁殖产生第四代，其幼虫为害高峰期正值连作晚稻孕穗期。由此可知，在纯双季稻模式下第三代稻纵卷叶螟的发生受到限制，且幼虫盛发期在连作晚稻苗期，对产量影响不大，而第二代和第四代幼虫为害盛期正值早稻和晚稻孕穗期，发生量大时会造成水稻产量损失较大。

单双混栽模式

5月下旬开始，稻纵卷叶螟第一代成虫从南方迁来进入早稻田，当6月下旬至7月上旬二代成虫迁入时，早稻生长处于中、后期，早插单季晚稻已处于苗期到分蘖期，还有一定面积生长较好的秧田。所以第二代可在早稻、早插单季晚稻及秧田内为害和繁殖。虽然7月下旬早稻收割会淘汰一部分二代虫源，但在早插单季晚稻和秧田内为害的虫源可顺利生长和繁殖。第三代稻纵卷叶螟有较充足的食料，主要在单季晚稻和早插连作晚稻上为害和繁殖四代主要为害连作晚稻和迟插单季晚稻。所以在单双季水稻混栽模式下第二、三和四代都有可能造成水稻产量损失。

直播单季晚稻

和移栽稻相比，直播稻集中了水稻秧苗期和本田期两个阶段，所以直播稻生长期长达5~6个月，而且直播晚稻苗数足、生长旺盛，为稻纵卷叶螟提供了丰富的食料和稳定的繁殖环境。第一代迁入虫源在早直播稻上取食和繁殖，第二代迁入时大部分直播稻已处于苗期，可顺利取食和繁殖，第三、四代均有充足的食料。与纯双季稻模式和单双季稻混栽模式相比，直播单季晚稻模式稻纵卷叶螟自然淘汰率低，繁殖率高，为害期长，大发生的频率显著增加，如果第一、二代迁入量大就易造成第三、四代大发生。由于单季直播晚稻模式十分有利于稻纵卷叶螟发生和为害，导致近10多年其大发生频率较高。据水稻病虫观测区定点调查，在不用药防治的情况下，2004—2013年，除2006年、2010年、2012年外的其他年份，主要为害代第三代幼虫发生高峰期平均每667m² 虫量都超过4万头，达到大发生程度。直播单季晚稻模式下，二代幼虫为害高峰期处于苗期到分蘖期，虽然为害状比较明显，但由于直播稻苗数足、长势旺，其所造成的损害能得到很好地恢复。据2011年和2013年水稻病虫观测区调查，不施药对照区，第二代幼虫为害高峰期卷叶率分别为9.7%和11.8%。一段时间后都能很好地恢复，所以，第二代即使发生量较大、稻苗受害较重，也不会对水稻生长造成不良影响。第三代幼虫为害高峰期水稻处于拔节、孕穗期，对产量影响最大，而第四代如发生早，其幼虫为害高峰期在水稻破口抽穗期，造成的损失重。但如果发生迟，水稻已抽穗、生长较老健，造成的损害相对较轻，第四代对迟播稻的为害比对早播稻更大一些。由上述分析可知，直播单季晚稻模式下真正对水稻产量造成损失的是第三代和第四代。

3.2 气候条件

稻纵卷叶螟的生长发育受到气候条件的影响。稻纵卷叶螟的生长发育需要适温高湿。温度22～28℃，相对湿度80%以上最为适宜。发育期间阴雨多湿有利于发生，高温干旱或低温都不利于发育，如成虫在29℃以上，相对湿度80%以下，雌雄交配率低，基本不产卵，即使产卵，其孵化率也受到影响。羽化后1日龄15℃处理对稻纵卷叶螟雌蛾生殖有显著的促进作用，体现在成虫产卵显著提前，产卵量显著增加，首次产卵历期显著缩短，交配次数显著增加，交配率明显上升，而在其他日龄处理仅导致首次产卵历期显著缩短，对成虫其他生殖指标无显著影响（孙贝贝等，2013）。初孵幼虫在日最高温度超过35℃、相对湿度低于80%的条件下，很快就死亡。气温低于22℃，幼虫常潜伏于心叶内，取食活动迟缓。据浙江、湖北、江苏等省资料分析，凡迁入虫量大，成虫产卵至卵孵化期下雨10d以上，雨量接近或超过150mm，当代可能大发生；雨量和雨日还可以左右代次的为害程度。如江苏徐州多数年份第三代为主害代，但雨季早的年份，第二代发生也重。湖北荆州常年以第二代发生重，第三代发生期正值高温季节，一般蛾多卵少，但在多雨年份，气温低湿度大，有可能导致第三代持续大发生。据各地观察，在卵盛孵期间，若遇连续大雨，心叶经常积水，对低龄幼虫不利，常可压低虫口密度53%~58%。

稻纵卷叶螟的迁飞与气候条件有很大关系，我国东半部地区稻纵卷叶螟的迁飞方向与季风环流同步进退，即春夏季随着高空西南气流逐代逐区北移，秋季又随着高空盛行的东北风大幅度南迁，从而完成周年的迁飞循环（张孝羲等，1980b）。稻纵卷叶螟迁飞受到气象条件的影响，主要影响因子是高空气流、温度、降水和湿度。此外，在蛾源迁入期间，锋面降雨天气还有利于迁入蛾源的降落，因此，雨日多，迁入的虫量也大。对多年稻纵卷叶螟发生情况与对应的气象条件对比分析发现，925~850hPa高度层气流是决定稻纵卷叶螟迁飞方向和速度的主导气流，温度是决定其起飞的主要因子之一，适宜其迁飞的地面温度为19~28℃，降水和下沉气流影响害虫的降落地点，降落高峰期当天和头一天有降水的概率为85.8%；稻纵卷叶螟喜空气潮湿，不喜强光照，适宜的空气湿度为70%以上（白先达等，2010）。

3.3 水稻品种

水稻品种影响稻纵卷叶螟的食料条件和栖息环境。不同水稻品种由于叶片嫩绿程度、宽狭厚薄、质地软硬以及植株高矮等原因，其着卵量、幼虫密度和受害程度有明显差异。一般叶色深绿、宽软的品种比叶色浅淡、质地硬的品种受害重，矮秆品种比高秆品种发生重，晚粳比晚籼、杂交稻比常规稻发生为害重。同一品种，幼虫取食分蘖至抽穗期水稻的成活率高，发育好。水稻株高、第二节间距、第二叶的长度和宽度与稻纵卷叶螟侵害呈正相关，分蘖数和叶数与受害程度呈负相关。在抗性品种中，硅化物在脉间部分大量沉积，叶表皮硅沉积多以及具有较致密的成单行或双行的硅链，不利于幼虫取食；若缺少硅或脉间部分存在宽硅链则不抗虫；而硅的总含量与抗（感）性并无密切联系。对取食抗性品种TKM2和感性品种IR8的幼虫上颚观察发现，饲养在抗性品种上的幼虫，上颚受到严重磨损。取食抗性品种（TKM6、黄金波）的幼虫成活率低，老熟幼虫体长短、蛹重轻、雌雄比小，成虫产卵量少（薛俊杰和刘芹轩，1987）。在扬辐粳8号、扬稻6号、汕优136、淮稻9号、宁粳1号5个品种中，扬辐粳8号上的蛾量高于其他品种，但着卵量几个品种间无差异。与TN1相比，扬辐粳8号、扬稻6号、汕优136气味对稻纵卷叶螟有吸引作用，而淮稻9号、宁粳1号则对成虫无吸引作用；但在这几个品种中，成虫产卵无明显的偏好性（Liu 等，2012）。戈林泉等（2013）研究发现，游离氨基酸含量高的水稻品种上稻纵卷叶螟发生程度重，可溶性蛋白质含量高的水稻品种上稻纵卷叶螟发生程度轻。

利用品种对害虫的抗（耐）性是绿色防控的重要策略之一。抗性水稻品种的筛选、鉴定、培育和推广是控制稻纵卷叶螟种群发展的最经济有效的途径之一。我国于20世纪70年代、80年代也开展了抗稻纵卷叶螟水稻品种鉴定工作，并鉴定了一批抗源，陈建酉等（2007）总结的抗稻纵卷叶螟水稻品种有台东育311、FIROOZ-1、台东育303、台农61、台东育62、嘉农籼6号、嘉农籼13、新竹矮脚尖、台东育302、台南6号、台农选2号、台农育A6号、嘉农籼11、大田茶帕禾。江苏省徐州地区农业科学研究所（1980）鉴定的抗性品种有ARC7090、TKM6、IR40、ASD7、东粳1号、水牛皮、云20、新竹4号、7315-3、733-7-68-5；彭忠魁（1982）鉴定的抗性品种有ARC7090、ARC6565、ASD7；广西农业科学院植物保护研究室水稻害虫组（1986）鉴定的有齐眉、黄壳、蛤蜊占、高州白、埃崩离；薛俊杰和刘芹轩（1987）鉴定的有黄金波、西海89、播磨、长芒大酒名、TKM6等抗性品种。近年来，结合产量损失情况对重庆稻区8个品种对稻纵卷叶螟的抗性进行了评价，发现其中对稻纵卷叶螟抗（耐）性较好的为冈优3号和陵优1号（田卉，2013）。贵州5个品种对稻纵卷叶螟的抗（耐）

性存在显著差异，试验条件下T优618和黔优568的长势最好，卷叶率低，抗性级别表现为抗（R）；B优811和奇优894表现为中抗（MR）；金优431卷叶率最高，抗性级别为感（S）（峗薇等，2010）。朱雪晶等（2010）通过田间自然感虫条件下评价水稻品种对稻纵卷叶螟的抗虫性，结果发现具有较高抗性的品系5个：华2048A /08HNZ004、华1971A /08HNZ001、华2048A /08HNZ001、华1517A /08HNZ001、华1971A /08HNZ003；具有一定抗性的品种1个：玉香油占。

抗性的比较以品种的被害系数，即供试品种被害率与同样栽培的某一固定对照品种被害率的百分比为依据。

被害系数=［供试品种卷叶率（％）/感虫对照品种卷叶率（％）］×100%

抗性等级分为以下4级：

表3-1　水稻对稻纵卷叶螟抗性分级

抗性等级	被害系数（％）
抗（R）	0～15
中抗（MR）	16～30
中感（MS）	31～75
感（S）	>76

在选用水稻品种时，在高产、优质的前提下，应选择叶片厚硬、主脉坚实的抗虫品种类型，使低龄幼虫卷叶困难，成活率低，达到减轻为害的目的。

已知水稻对稻纵卷叶螟的抗性机制主要为拒虫性、抗生性和耐虫性，其中对抗生性的研究较多。

拒虫性：又称排趋性，表现在抗虫品种的着卵量明显比感虫品种的低，成虫不喜欢选择在抗虫品种上产卵。例如，国际水稻研究所报道的抗虫品种ASD5、TKM6和Ptb33d的着卵量明显低于感虫品种IR36和TN1。无论在自由选择或非自由选择情况下，抗虫品种CO7、ARC5752、Yakadayan、IR5685-26-1-9、BK116-3B-18和

Hata Pandaca 的着卵量均较感虫对照品种 TN1 低（罗闰良，1993；陈建酉等，2007）。但这些品种除 IR5685-26-1-9 外，其余品种的虫卵生存率均与 TN1 无明显差别。彭忠魁（1982）进行的室内试验表明，中抗品种 Cinih selem 平均每叶着卵量为 0.6 粒，感虫品种梅六早为 6 粒。说明水稻品种的抗性机制可能是拒虫性。

抗生性：水稻对稻纵卷叶螟的抗生作用表现为稻纵卷叶螟幼虫在抗性稻株上死亡率高、发育延迟、体重减轻和成虫生殖力下降，最后导致种群密度下降。抗生性主要受植株的形态学特征和植株的成分两个因素影响。Hanifa et al.（1974）研究了 18 个水稻品种的抗性特征，结果表明株高、第二节间距、第二叶长度和宽度与稻纵卷叶螟的为害呈正相关，分蘖数和叶数与为害呈负相关。阮仁超等（2000）认为稻纵卷叶螟的发生程度与水稻品种的株型、叶色深浅、叶片宽窄有关，株型披散、植株高大、叶宽 <0.8cm 或 >1.5cm 的品种对稻纵卷叶螟有一定抗性，而在株型紧凑、叶色较浓、叶宽在 0.8 ~ 1.5cm 的品种上稻纵卷叶螟的为害较重。李马谅（1995）发现江西东乡野生稻剑叶窄长、笋质、主脉粗，稻纵卷叶螟幼虫无法将其纵卷结苞。杨士杰等（2005）认为药用野生稻具有维管束发达、茎叶坚硬挺直等抗虫特点，不利于稻纵卷叶螟为害。在水稻抗性品种中，硅在脉间大量沉积，叶表硅沉积多，因而形成 1 ~ 2 行紧密的硅，这成为幼虫取食的明显机械障碍，但硅的总含量与抗（感）性无密切关系（Hanifa et al.，1974）。薛俊杰和刘芹轩（1987）对稻纵卷叶螟与氨基酸的关系进行观察，发现抗性强的品种（TKM6 和黄金波）植株内的氨基酸组成比感虫品种（农垦 57）缺少酪氨酸，因而受虫害轻；抗性较强的品种鄂粳 7303 植株比感虫品种（农垦 57）含有较多的谷氨酸，用其饲养的幼虫死亡率高，体较短、较轻，成虫的产卵量也较少。

耐虫性：不同水稻品种对稻纵卷叶螟都有一定程度的耐害和补偿能力（吴降星等，2013）。品种在不同生长阶段的耐虫性也有差异，一般分蘖期可耐相当数量幼虫的为害，而孕穗抽穗期则耐虫性较低。水稻在孕穗和抽穗期受害，即使稻叶的受害率较小，也会使结实率和千粒重降低。

3.4 肥料

在水稻生产上，肥料的使用可以为水稻提供营养，以期促进水稻植株的生长与产量的提高。肥料使用不仅对植株生长产生作用，也间接对害虫产生影响。de Kraker（1996）总结15个田间试验发现，氮肥施用量增加可以加重稻纵卷叶螟的为害水平。施用氮肥可以影响稻纵卷叶螟许多生物学特性，如幼虫存活率、取食量、蛹重、成虫寿命和生殖力增加（但建国和陈常铭，1990；梁广文等，1984；de Kraker et al.，2000），从而增加了田间的发生率与为害程度（张桂芬等，1995）。在菲律宾灌溉稻区调查发现，高氮区稻纵卷叶螟的密度是低氮区的8倍，叶片被害率高5%～35%（de Kraker et al.，2000）。谢叶荷和方春华（2015）发现，合理的配方施肥可以降低稻纵卷叶螟的发生为害。随着水稻施氮量的增加，稻纵卷叶螟的发生为害呈加重趋势（杨廉伟等，2007；张舒等，2008）。偏施氮肥或施肥过迟，造成稻苗徒长和叶片下披，同时植株含氮量高，都易诱蛾产卵，利于幼虫结苞，加重为害程度。

钾肥施用不足不利于植株活力的增强和养分合成与运转，可造成光合作用减弱及叶的功能期缩短。稻田钾肥施用量增加，稻纵卷叶螟的发生为害程度减轻（张舒等，2008）。硅虽不是所有作物所必需的营养元素，但对水稻生长发育影响较大，对水稻有明显的增强抗性和增产的作用。施硅肥量为$7.5kg/hm^2$、$15.0kg/hm^2$和$22.0kg/hm^2$的水稻上稻纵卷叶螟卷叶株率分别比对照降低4.6、6.1和8.2个百分点（钟飞鸣等，2012）。水稻施硅可以提升植株防御系统，以应对稻纵卷叶螟的取食（Han et al.，2016）。硅肥处理（土壤中施硅量为0.16g/kg和0.32g/kg）水稻上稻纵卷叶螟卷叶株率与卷叶率均显著低于未处理组（Han et al.，2015）。

3.5 非靶标农药

非靶标农药的使用可能会造成稻纵卷叶螟的再猖獗问题。防治稻飞虱的噻嗪酮和吡虫啉能刺激稻纵卷叶螟成虫产卵，是稻纵卷叶螟再猖獗的诱导因素之一。在稻纵卷叶螟幼虫第二龄期用噻嗪酮 300.0g/hm^2、112.5g/hm^2、60.0g/hm^2 进行喷雾处理能刺激稻纵卷叶螟成虫产卵；在稻纵卷叶螟幼虫第四龄期用吡虫啉60.0g/hm^2 喷雾处理也能刺激稻纵卷叶螟成虫产卵，并且其成虫的产卵量与对照相比显著增加（表3-2）（王芳和吴进才，2008）。幼虫体重和蛹重的试验结果表明，田间试验中除第二龄期施用吡虫啉37.5g/hm^2（有效成分用量）的幼虫体重显著高于对照外，其他处理的幼虫体重与对照之间差异均不显著；但水泥池试验中处理组蛹的平均重量显著低于对照（戈林泉等，2014）。稻纵卷叶螟幼虫取食每667m^{2}施用吡蚜酮8g（推荐的最低田间使用剂量）对水45kg进行叶片喷雾后的水稻，其成虫总卵量显著高于对照。

表3-2   噻嗪酮、吡虫啉处理对稻纵卷叶螟生殖的影响 （2006年）

（王芳和吴进才，2008）

处理组合（药剂+施药时期）	平均卵粒数（粒）	比对照上升百分率（%）
噻嗪酮300.0g/hm^2+二龄期	97.4 ± 72.2 a	143.50
吡虫啉60.0g/hm^2+四龄期	92.6 ± 75.5 a	131.50
噻嗪酮300.0g/hm^2+四龄期	62.3 ± 35.8 ab	55.75
吡虫啉80.0g/hm^2+四龄期	54.4 ± 47.6 ab	36.00
吡虫啉80.0g/hm^2+二龄期	54.1 ± 34.9 ab	35.25
吡虫啉60.0g/hm^2+二龄期	48.0 ± 31.2 ab	20.00
对照	40.0 ± 38.1 b	—

注：表中数据为重复试验平均值 ± 标准误，同列数据的不同小写字母表示 P < 0.05水平差异显著。

4 稻纵卷叶螟种群监测

4.1 种群数量动态监测

4.1.1 越冬虫源

在稻纵卷叶螟能够越冬的地区，在冬后羽化前，选取稻田、绿肥田及田边、沟边等主要越冬场所，取样20m²以上，调查稻桩、再生稻、落谷稻、冬稻及杂草上的幼虫和蛹的越冬情况1~2次，统计死、活幼虫和蛹数及被寄生数。

4.1.2 田间赶蛾

选取不同生育期和好、中、差3种长势的主栽品种类型田各1块以及田边杂草丛，从始见蛾时开始，每次调查3块或3块以上的田块，每块田赶蛾面积66.67m²，调查时于9时前，以1m的有效竿

图4-1　田间赶蛾调查稻纵卷叶螟成虫

幅逆风直行约67m，边走边用竹竿缓慢拨动稻丛上中部或杂草丛，同时默数飞起的蛾数。当蛾量极大时（每竿超过100头）时则可目测估计。逐日记载蛾数，以蛾量激增日为始盛期，当蛾量明显下降时，即以蛾量最多的一天定为发蛾高峰日。

优点：作为一种主要的预测预报手段一直沿用至今，能准确预测稻纵卷叶螟的发生情况。而且，因方法和标准统一，有利于各地历年的比较或同期全国各地稻纵卷叶螟蛾量的比较。

缺点：劳动强度大、不同人员操作时误差较大、易受气候条件影响。

注意事项：秧苗期拨动水稻上部即可，水稻生长中、后期，要以竹竿用力拨动稻株中上部，有利于蛾子的起飞和计数。另外，注意稻田边杂草丛赶蛾，其数量有时更能反映稻纵卷叶螟田间实际发生量。

4.1.3 灯光诱集成虫

在稻田边设立光控式杀虫灯，并挂集虫袋，从始见蛾前开始开灯，每天自动天黑开灯、天亮关灯，收集并记录蛾数，清空集虫袋重新悬挂。

优点：劳动强度小，能杀死部分成虫。

缺点：费用较高，灯的维护影响较大，需要定期清刷高压网，另外受周围其他灯光影响。

注意事项：每隔3～5d清刷一次高压网，并及时更换损坏的灯管或其他元件。

图4-2 灯光诱集调查稻纵卷叶螟成虫

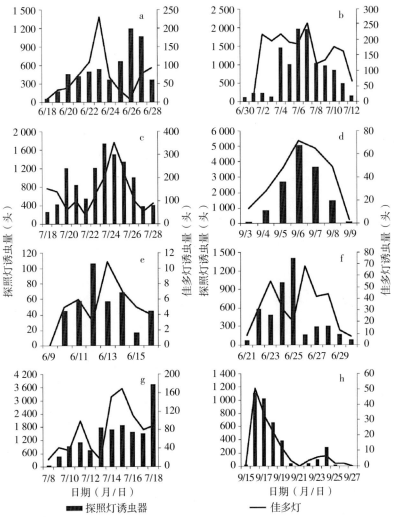

图4-3　2007年和2009年典型迁飞过程探照灯诱虫器和佳多灯诱蛾量
（蒋春先等，2011）

a ~ d. 2007年　e ~ g. 2009年

4.1.4　性信息素诱集成虫

诱集稻纵卷叶螟的性信息素组成是顺11-十八碳烯醛、顺13-

十八碳烯醛、顺11-十八碳烯醇和顺13-十八碳烯醇，以不同比例制成。在观测田的东、南、西、北、中各设置1个干式飞蛾诱捕器，内置稻纵卷叶螟测报专用诱芯，用于监测成虫量，放置高度为诱捕器底端低于水稻植株顶端约10cm。

优点：具有专一性。操作简便，大面积应用能减少田间虫量。

缺点：同样的诱芯在不同地方诱集效果可能不一致。

注意事项：诱捕器安装的高度。

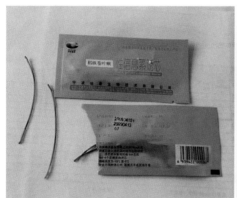

图4-4　性信息素诱集法调查稻纵卷叶螟成虫
（诱捕器照片由杜永均提供）

4.1.5 稻纵卷叶螟卵量

各代产卵高峰期开始（迁入代在蛾高峰当天，本地虫源在蛾高峰后2d）至第三龄幼虫期为止，开展卵量调查。选择当地有代表的2～3种类型田，采用双行平等跳跃式取样，每块田查10丛水稻。目测并记录所有叶片上的有效卵、寄生卵和干瘪卵数。

4.1.6 幼虫发生程度普查和幼虫发育及残留虫量调查

幼虫发生程度普查：在各主害代施药前第二至三龄幼虫盛期，田间普遍发生卷叶时进行。选择具有代表性的乡镇、村进行抽样。

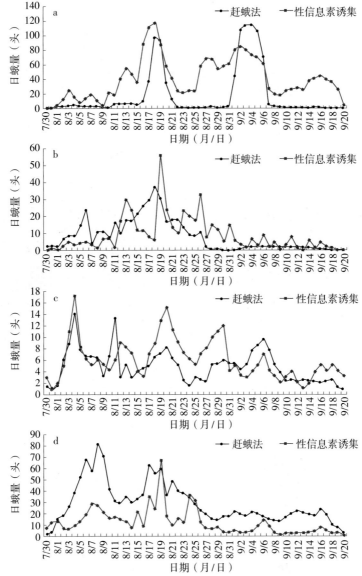

图4-5 田间赶蛾法与性信息素诱捕法监测稻纵卷叶螟消长曲线

（徐丽君等，2013）

a.宜兴周铁　b.宜兴丁蜀　c.江阴周庄　d.江阴利港

各类型田的调查块数按比例确定。采用大田巡视目测法，目测稻株顶部3片叶的卷叶率，并以此确定幼虫发生级别。记录各级别所占田块数及比例。

幼虫发育及残留虫量调查：在各主害代及其上一代大田防治结束后，第四龄幼虫盛期进行一次。选择当地有代表性的2～3种类型田，采用双行平等跳跃式取样，每块田查50～100丛水稻，剥检所有卷苞，记录卷叶率、各虫态百分率、虫口密度和寄生率。

表4–1　稻纵卷叶螟幼虫发生级别（见附录1）

级别	分蘖期		孕穗至抽穗期	
	卷叶率（%）	每667m² 虫量（万头）	卷叶率（%）	每667m² 虫量（万头）
一	<5.0	<1.0	<1.0	<0.6
二	5.0～10.0	1.0～4.0	1.0～5.0	0.6～2.0
三	10.1～15.0	4.1～6.0	5.1～10.0	2.1～4.0
四	15.1～20.0	6.1～8.0	10.1～15.0	4.1～6.0
五	>20.0	>8.0	>15.0	>6.0

4.1.7 稻叶受害率（程度）调查

各主害代防治结束、危害基本定局后进行。各类型田的调查块数按比例确定。采用大田巡视目测法，目测稻株顶部3片叶的卷叶率，并以此确定稻叶受害程度。记录各级别所占田块数及比例。

表4–2　稻叶受害率级别（见附录1）

级别	分蘖期		孕穗至抽穗期	
	卷叶率（%）	产量损失率（%）	卷叶率（%）	产量损失率（%）
一	<20.0	<1.5	<5.0	<1.5
二	20.0～35.0	1.5～5.0	5.0～20.0	1.5～5.0
三	35.1～50.0	5.1～10.0	20.1～35.0	5.1～10.0
四	50.1～70.0	10.1～15.0	35.1～50.0	10.1～15.0
五	>70.0	>15.0	>50.0	>15.0

4.1.8 异地虫源与发生的关系

通过境外虫源地的追溯和国内越冬场所的调查，已基本明确我国稻纵卷叶螟主要来自东南亚热带地区，国内零星存在的越冬虫源，不构成第二年的主要虫源。一个地区各个世代，存在不同的虫源，即迁入型、本地繁殖和迁出型等，因此确定防治适期需做好发生量的近期预测，应根据不同代峰次的虫源性质区别对待，才能"测准、治好"（张孝羲等，1979）。结合灯下虫量调查和雌蛾卵巢解剖（表4-3和表4-4），可以明确稻纵卷叶螟的发生动态和田间种群的虫源性质。如广西永福早稻田中，第一、二代属于基本迁入型，第三代虫源性质较为复杂，既有本地繁殖型也有迁入还有迁出，第四代为本地繁殖、大部分迁出型（梁载林等，2009）。在福建稻区，第三代起以迁入为主，第四代和第五代以本地虫源为主部分为迁入虫源，第六代虫源比较复杂，不同地区迁入和迁出均有发生（关瑞峰等，2008）。在江苏仪征，第三代基本为迁入种群，第四代为本地繁殖大部分迁出种群（韩志民等，2012）。根据每一次蛾群同期突增区的雌蛾解剖资料，可以明显地推测出上一世代发生区虫源都属于大部分迁出型，下一代发生区虫源都属于基本迁入型或部分迁入型，从而形成在时间上紧密衔接的迁出同型区和迁入同型区。

表4-3 稻纵卷叶螟卵巢解剖判别虫源性质的划分标准

（张孝羲等，1981）

类型	虫源性质	卵巢发育为 I 级的雌蛾比例（%）	交配率（%）	相应上下二代虫源增长指数 N/N_0
I	基本迁入型	0 ~ 2	>80	>1
II	部分迁入型	3 ~ 10	70 ~ 79	>1
III	本地繁殖型	11 ~ 34	30 ~ 69	0.2 ~ 1
IV	大部迁出型	>35	<30	<0.1

注：N_0为相应的上一代幼虫、蛹的残留量，再按上一代虫源田面积和下一代承受田面积百分率进行折算所得的预测虫量。

表4–4　稻纵卷叶螟雌蛾卵巢分级特征

（张孝义等，1979）

级　别	Ⅰ级 乳白透明期	Ⅱ级 卵黄沉积期	Ⅲ级 成熟待产期	Ⅳ级 产卵盛期	Ⅴ级 产卵末期
卵巢管长度（mm）	5.5～8	8～10	11～13以上	13以上	9左右
卵巢发育特征	初羽化时卵巢小管短而柔软，全透明，发育到12h后小管的中下部隐约可见透明的卵细胞	卵巢小管中下部卵细胞成形，每个有一半乳白色的卵黄沉积，一半仍透明	卵巢小管长，基部有5～10粒黄色成熟卵，卵巢小管末端有蜡黄色卵巢管塞	卵巢小管长，基部有淡黄色成熟卵约15粒，约占管长的1/2。无卵巢管塞	卵巢小管短，卵巢萎缩，每小管中仍有成熟卵8～10粒（有部分畸形，卵粒变形二粒黏合在一起），有时又出现蜡黄色卵巢管塞
脂肪细胞的特点	乳白色，饱满，圆形或长圆形	乳白色，饱满，圆形或长圆形	黄色，长圆形，不饱满，部分呈丝状	很少，大部分丝状，少数长圆形	极少，呈丝状
交尾和产卵情况	未交配，交配囊瘪，呈粗管状，未产卵	大部分未交配，交配囊瘪，呈粗管状，少数交配1次，交配囊膨大呈囊状，可透见精包，未产卵	交尾1～2次，交配囊膨大，可透见1～2个饱满精包，未产卵	交尾1～3次，交配囊膨大，可透见1～2个饱满精包，或1～2个精包残体，大量产卵	交尾1～3次，个别4次，交配囊中可见1～2个精包残体或1个饱满精包，产卵很少

4.2 稻纵卷叶螟种群抗药性监测

4.2.1 稻纵卷叶螟抗药性概况

　　1957年，世界卫生组织（WHO）将昆虫抗药性（resistance）定义为：昆虫具有的忍受杀死正常种群大多数个体的药量的能力，在其群体中发展起来的现象。昆虫的抗药性是相对敏感种群而言的，是种群的特征，而不是个体改变的结果；抗药性由某些相关基因控制，能够在种群中遗传下去。抗药性形成与该地的用药历史、药剂的选择压力等有关，因此昆虫的抗药性存在地域性（唐振华，2000）。目前，化学防治仍然是控制稻纵卷叶螟重要的手段，但农药的长期不合理滥用加速了害虫抗药性发展。

稻纵卷叶螟长期受到施用药剂的选择压，产生抗药性是不可避免的。世界卫生组织于1969年报告指出，稻纵卷叶螟最先在日本对有机磷产生抗药性（唐振华，1993）。我国在20世纪50年代长期使用六六六、二二三等单一化学试剂防治稻纵卷叶螟，也使稻纵卷叶螟产生抗药性（林秀秀等，2012）。1986—1987年在江苏以点滴法检测出稻纵卷叶螟对速灭威、敌百虫、甲基对硫磷、杀虫双已经产生了抗药性（赵善欢，1993）。据统计，1999年在浙江省杀虫双对稻纵卷叶螟的 LC_{50} 达原来的 $67 \sim 587$ 倍，2000年四川省达到286倍，已达高抗和极高抗水平（唐博和贤振华，2008）。龙丽萍等（1996）通过连续两年的抗药性监测发现，南宁、永福稻纵卷叶螟对杀虫双、甲胺磷的敏感性降低。苏建坤等（2003）发现，稻纵卷叶螟5年内对甲基对硫磷产生了明显的抗药性。Zheng et al.（2011）测定了稻纵卷叶螟对11种常用杀虫剂的敏感度，包括毒死蜱、三唑磷、喹硫磷、阿维菌素、甲氨基阿维菌素苯甲酸盐、多杀菌素、杀虫单、Bt毒素、氯虫苯甲酰胺、虫酰肼、氟铃脲，并没有发现该虫对这些药剂产生明显的抗药性。Zhang et al.（2014）连续3年监测了南宁、长沙、南京3个地区稻纵卷叶螟对13种药剂的抗药性，发现这三个地区的稻纵卷叶螟对氯虫苯甲酰胺、氰氟虫腙和虫酰肼的敏感度严重下降。王世玉等（2016）的研究表明，2015年江苏省稻纵卷叶螟尚未对氯虫苯甲酰胺、毒死蜱、茚虫威和阿维菌素产生抗药性，但已对多杀菌素产生低到中等水平的抗药性。

4.2.2 稻纵卷叶螟对杀虫剂抗药性的生物测定方法

虽然关于稻纵卷叶螟的敏感性或抗药性测定的报道较多，但是到目前为止，国家并未出台关于该虫抗药性监测的具体标准，综合前人的研究成果，这里介绍了稻纵卷叶螟毒力测定的主要方法及抗性水平分级标准，以便为稻纵卷叶螟敏感性或抗性水平评价提供依据。

4.2.2.1 虫源准备

所要监测的地区，选取具有代表性的稻田3~5块，采集幼虫或者成虫，在室内饲养至生理状态一致、龄期一致的幼虫为标准试虫，用于抗药性监测。具体虫源采集与人工饲养方法参见附录6。

4.2.2.2 药剂配制

离体稻叶浸渍法：在电子天平上用容量瓶称取一定量的原药或制剂，根据溶解度的大小选择合适的溶剂将药剂溶解，配制成一定浓度的母液，原药配制的母液需加入终浓度0.1% Triton X-100，再用蒸馏水稀释。根据预备试验结果，按照等比法设置5~6个系列质量浓度。每个浓度的药液量不少于400mL。

点滴法：在电子天平上用容量瓶称取一定量的原药，用丙酮等有机溶剂溶解，配制成一定浓度的母液。用移液管吸取一定量的母液至闪烁瓶，用上述溶剂配制成一定质量浓度的药液供预备试验，根据预备试验结果，再按照等比法用闪烁瓶配制5~6个系列质量浓度。每个浓度的药液量不少于2mL。

4.2.2.3 处理方法

离体稻叶浸渍法：配置5~7个浓度梯度药剂，将新鲜嫩稻叶剪成5~9cm小段，放入各处理药液中浸30s，取出后晾干，以浸湿的脱脂棉包住叶两端放入培养皿，在培养皿中接入稻纵卷叶螟第二龄幼虫，然后用封口膜封口防止幼虫逃逸。每个培养皿接虫20头，每个浓度3个重复。培养皿放置于温度为（26±1）℃，光周期为16h∶8h（L∶D）条件下饲养和观察。

点滴法：挑取第三龄幼虫置于盛有人工饲料的小号培养皿中，每皿5头，每浓度重复6次，共30头。供试药液浓度按从低到高的顺序处理，用容积为0.04~0.06μL的毛细管点滴器将药液逐头点滴于幼虫胸部背面，以点滴丙酮为空白对照。处理后将培养皿转移至温度为（26±1）℃，光周期为16h∶8h（L∶D）的条件下饲养和观察。

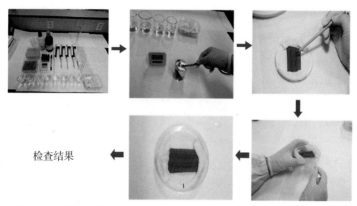

检查结果

图4-6　稻纵卷叶螟对杀虫剂的生物测定方法（离体稻叶浸渍法）

4.2.2.4 结果检查

离体稻叶浸渍法：处理3d后检查试虫死亡情况，记录总虫数和死虫数。

点滴法：视药剂种类不同，分别于处理后一定时间检查试虫死亡情况，记录总虫数和死虫数。例如，有机磷类杀虫剂：2d；大环内酯类杀虫剂：3d；沙蚕毒素类杀虫剂：4d；昆虫生长调节剂类杀虫剂：5d。

死亡判断标准：用毛笔轻触虫体，不动或不能协调运动即判断为死亡。

4.2.2.5 数据统计分析

计算方法：根据调查数据，计算各处理的校正死亡率。按公式（1）和式（2）计算：

$$P_1 = \frac{K}{N} \times 100\% \cdots\cdots\cdots\cdots\cdots\cdots\cdots（1）$$

式中：P_1——死亡率，单位为百分率（%）；

K——死亡虫数，单位为头；

N——处理总虫数，单位为头。

$$P_2 = \frac{P_t - P_0}{100 - P_0} \times 100\% \cdots\cdots\cdots\cdots\cdots（2）$$

式中：P_2——校正死亡率，单位为百分率（%）；

P_t——处理死亡率，单位为百分率（%）；

P_0——空白对照死亡率，单位为百分率（%）。

若对照死亡率<5%，无需校正；对照死亡率为5%~20%，应按公式（2）进行校正；对照死亡率>20%，试验需重做。

统计分析：采用DPS、SPSS、SAS、POLO PLUS、PROBIT等软件进行统计分析，求出每个药剂的LD_{50}（LC_{50}）值及其95%置信限、b值及其标准误。

2015年，吕仲贤等（未发表）使用离体稻叶浸渍法测定了不同地区稻纵卷叶螟对杀虫剂的敏感性（表4-5），说明不同地区间稻纵卷叶螟对药剂存在一定的敏感性差异。

表4-5 不同种群稻纵卷叶螟对不同药剂的敏感性（离体稻叶浸渍法）

药 剂	种 群	斜 率	LC_{50}（mg/L）	95%FL（mg/L）
毒死蜱	广西合浦	1.419 ± 0.221	0.311	0.222 ~ 0.460
	广西南宁	0.747 ± 0.215	0.175	0.077 ~ 0.527
	湖南长沙	0.803 ± 0.218	0.588	0.283 ~ 2.261
	浙江杭州	1.076 ± 0.205	0.147	0.082 ~ 0.237
氯虫苯甲酰胺	广西合浦	2.998 ± 0.444	0.054	0.032 ~ 0.077
	广西南宁	2.421 ± 0.439	0.082	0.018 ~ 0.137
	湖南长沙	3.205 ± 0.474	0.044	0.029 ~ 0.058
	浙江杭州	2.929 ± 0.437	0.047	0.035 ~ 0.058
甲氨基阿维菌素苯甲酸盐	广西合浦	1.356 ± 0.226	0.004	0.002 1 ~ 0.006 0
	广西南宁	1.956 ± 0.322	0.010 9	0.005 4 ~ 0.019 6
	湖南长沙	1.424 ± 0.228	0.008 7	0.002 7 ~ 0.016 6
	浙江杭州	0.743 ± 0.180	0.012 6	0.005 5 ~ 0.024 4
多杀霉素	广西南宁	1.135 ± 0.201	0.006 8	0.001 2 ~ 0.014 6
	湖南长沙	1.251 ± 0.225	0.015 9	0.009 6 ~ 0.024 5
	浙江杭州	1.707 ± 0.256	0.004 3	0.001 5 ~ 0.007 3

4.2.2.6 抗药性水平的计算与评估

敏感毒力基线：参考或建立稻纵卷叶螟对相关药剂的敏感毒

力基线。

抗药性水平的计算：根据敏感品系的LD_{50}（LC_{50}）值和测试种群的LD_{50}（LC_{50}）值，按公式（3）计算测试种群的抗药性倍数。也可利用敏感品系和测定种群生物测定的原始数据，用POLO PLUS计算抗药性倍数，这种数据处理方法不仅可以直接得到抗药性倍数，还可以获得抗药性倍数的置信区间，是值得推广的数据处理方法。

$$RR = \frac{T}{S} \quad \cdots\cdots\cdots\cdots\cdots\cdots\cdots\cdots（3）$$

式中：RR——测试种群的抗药性倍数；

T——测试种群的LD_{50}（LC_{50}）；

S——敏感品系的LD_{50}（LC_{50}）。

抗药性水平的分级标准：目前关于稻纵卷叶螟还没有统一的抗药性水平分级标准，这里暂时参考水稻害虫二化螟及其他鳞翅目害虫的抗药性分级标准初步拟定了稻纵卷叶螟抗药性分级标准，见表4-6。

表4-6　稻纵卷叶螟抗药性水平分级标准

抗药性水平分级	抗药性倍数（倍）
敏感	$RR \leqslant 3.0$
敏感度下降	$3.0 < RR \leqslant 5.0$
低水平抗药性	$5.0 < RR \leqslant 10.0$
中等水平抗药性	$10.0 < RR \leqslant 100.0$
高水平抗药性	$RR > 100.0$

按照抗药性水平的分级标准，对测试种群的抗药性水平作出评估，撰写评估报告。

表4-7为2015年江苏武进、盐城和江浦稻纵卷叶螟对主要杀虫剂的抗药性监测，数据表明，这几个地区稻纵卷叶螟对多杀霉素已产生低到中等水平的抗药性（王世玉等，2016）。

表4-7　2015年江苏稻纵卷叶螟抗药性水平

（王世玉等，2016）

种群	LC$_{50}$（mg/L）（95%FL）	b（SE）	χ^2	DF	h	RR（95%FL）
氯虫苯甲酰胺						
武进	1.172（0.315 ~ 2.517）	1.376（0.287）	3.243	3	1.081	1.2（0.7 ~ 1.9）
盐城	1.125（0.750 ~ 1.494）	2.205（0.395）	0.699	3	0.233	1.1（0.8 ~ 1.6）
江浦	0.597（0.284 ~ 0.943）	1.906（0.277）	3.199	3	1.066	0.6（0.4 ~ 0.8）
毒死蜱						
武进	1.407（1.001 ~ 1.822）	2.254（0.404）	2.254	3	0.733	1.2（0.9 ~ 1.7）
盐城	1.320（1.021 ~ 1.633）	2.563（0.340）	2.194	4	0.549	1.2（0.9 ~ 1.5）
江浦	2.513（1.946 ~ 3.064）	3.218（0.579）	0.488	4	0.122	2.2（1.7 ~ 2.9）
茚虫威						
武进	0.025（0.016 ~ 0.034）	1.982（0.331）	3.518	4	0.879	1.5（0.9 ~ 2.0）
盐城	0.046（0.034 ~ 0.057）	2.661（0.436）	0.640	4	0.160	2.5（1.9 ~ 3.4）
江浦	0.027（0.014 ~ 0.039）	1.668（0.351）	3.845	4	0.961	1.5（0.9 ~ 2.4）
阿维菌素						
武进	0.061（0.034 ~ 0.088）	1.810（0.578）	2.646	3	0.882	4.3（2.9 ~ 6.4）
盐城	0.032（0.022 ~ 0.043）	1.710（0.236）	1.683	4	0.440	2.3（1.6 ~ 3.2）
江浦	0.014（0.009 ~ 0.019）	1.611（0.215）	0.312	4	0.078	1.0（0.7 ~ 1.5）
多杀霉素						
武进	0.198（0.142 ~ 0.251）	2.462（0.404）	4.315	6	0.719	10.2（7.5 ~ 3.9）
盐城	0.151（0.117 ~ 0.182）	3.525（0.601）	1.614	3	0.538	7.8（6.1 ~ 10.1）
江浦	0.093（0.073 ~ 0.113）	2.896（0.378）	0.465	3	0.155	4.8（3.7 ~ 6.2）

5 稻纵卷叶螟绿色防控技术

5.1 天敌保护和利用技术

5.1.1 应用生态工程技术保护天敌

原理:"生态工程"一词最早由Odum(1962)提出,意为人为调控生态系统中的小部分组份来达到控制由自然力量驱动的整个系统。后来Mitsch和Jorgensen(2003)又重新定义为利用系统方法学来设计生态系统以使得人类和自然都因此受益。Gurr et al.(2004)首次系统地将广义的生态工程理论应用于害虫防治领域。通过生境调节可以有效地提高生物防治的效果从而达到控制害虫的目的。虽然生态工程的定义在不断发展,但其基本特征都包括:①对化学投入品的低依赖性;②依靠生态系统自行调控;③以生态学法则为基础;④方法和手段需要通过生态试验精炼。主要技术内容包括:调整化学农药使用策略,合理田间布局增加生物多样性,增加重点天敌等。

水稻害虫生态控制技术是通过调节生物多样性、保护和释放天敌、恢复生态系统的功能,使水稻害虫种群处于相对较低的水平,利用害虫和天敌之间的关系设计控制害虫的一项措施。浙江省农业科学院与国际水稻研究所、浙江大学和浙江省金华市植保站等单位合作,率先开展了利用生态工程技术控制水稻害虫的探索性研究工作,并在金华、宁波、丽水、杭州和台州等地建立了试验示范区(图5-1)。通过多年的系统研究,提出了一套减少虫源基数、保护天敌数量和增强天敌生物防治能力的技术措施,技术核心包括以下内容。

1)田间合理布局增加稻田生物多样性,保护天敌数量。通过田埂留草、种植绿肥、插种茭白等生境调节措施,提高稻田生态系统的生物多样性，提高天敌多样性及生物防治功能。

2）种植蜜源植物，促进天敌功能。在田边种植显花植物（芝麻、大豆等）或保留开花植物，为天敌提供蜜源食物，提高天敌控害能力。

3）植物或化学诱集害虫、释放重要天敌，减少害虫种群数量。将诱虫植物香根草、性诱剂和天敌释放技术协调应用，有效降低水稻螟虫和稻纵卷叶螟当代成虫及下代幼虫种群数量。

4）减少氮肥的施用量，降低害虫种群的增长速率。根据水稻生长和需肥规律调节施肥，减少水稻生长前期施氮量，降低害虫种群增长。

5）选用抗性品种，放宽防治指标，保护天敌。选用抗虫、耐虫水稻品种，充分利用水稻补偿作用，放宽防治指标，水稻生长前期不用或慎用农药。应急防控时选用生物农药或高效低毒低残留、对天敌安全的化学农药。

上述这些措施可以有效地提高稻纵卷叶螟天敌的数量和生态适应性，如香根草引诱水稻螟虫产卵可以为稻纵卷叶螟卵期寄生蜂赤眼蜂提供稳定的繁殖场所，芝麻花等的花蜜可以显著提高稻纵卷叶螟寄生蜂的寿命和繁殖力，田埂留草可以为捕食稻纵卷叶螟的蜘蛛提供庇护所等。表5-1显示，宁波和金华生态工程稻田和农民自防稻田的害虫天敌群落结构。

表5-1　稻纵卷叶螟生态控制区和农民自防区寄生蜂群落结构比较

寄生蜂种类	宁波				金华			
	生态控制区		农民自防区		生态控制区		农民自防区	
	数量（头）	比例（%）	数量（头）	比例（%）	数量（头）	比例（%）	数量（头）	比例（%）
缨小蜂科	174	6.61	93	6.07	162	6.84	384	33.10
赤眼蜂科	1 086	41.23	456	29.77	1 121	47.36	328	28.28
姬小蜂科	281	10.67	470	30.68	344	14.53	57	4.91
金小蜂科	258	9.79	43	2.81	303	12.80	169	14.57
缘腹细蜂科	180	6.83	50	3.26	188	7.94	132	11.38

（续）

寄生蜂种类	宁波				金华			
	生态控制区		农民自防区		生态控制区		农民自防区	
	数量（头）	比例（%）	数量（头）	比例（%）	数量（头）	比例（%）	数量（头）	比例（%）
茧蜂科	467	17.73	260	16.97	113	4.77	36	3.10
跳小蜂科	37	1.40	71	4.63	57	2.41	22	1.90
分盾细蜂科	15	0.57	15	0.98	22	0.93	8	0.69
细蜂科	8	0.30	1	0.07	8	0.34	1	0.09
大痣细蜂科	106	4.02	64	4.18	22	0.93	8	0.69
姬蜂科	22	0.84	1	0.07	1	0.04	1	0.09
广腹细蜂科	0	0	8	0.52	20	0.84	1	0.09
蚜小蜂科	0	0.00	0	0.00	6	0.25	13	1.12
合计	2 634	100.00	1 532	100.00	2 367	100.00	1 160	100.00

具体方法：①田埂留草：田埂禁用除草剂，保留禾本科杂草。②种植香根草：于4月或5月在路边或较宽田埂上以3～5米的距离种植香根草，待存活后可适当施肥以增加分蘖速度，秋后修剪香根草，有利于第二年香根草的生长。③种植芝麻：于5～6月在田埂或香根草之间种植芝麻，间隔15～20d分批播种。④稻田内适当插种茭白。

图5-1　浙江省金华市水稻生态工程控制害虫技术示范区

5.1.2 释放赤眼蜂技术

原理：赤眼蜂属膜翅目赤眼蜂科赤眼蜂属，是一种卵期寄生蜂。其成虫将卵产在寄主卵内，在寄主卵内取食、发育致使寄主卵死亡，从而达到将害虫消灭在为害之前的目的。目前已发现约有210种寄生蜂能攻击多数害虫（特别是鳞翅目害虫）的卵，而赤眼蜂是多种农林害虫的天敌，也是世界范围内害虫生物防治研究最多、应用最广的一类寄生性天敌。我国在赤眼蜂的研究和应用方面做了大量的工作，经过几十年的努力，在规模化繁蜂技术方面取得了巨大的成效，利用大卵（柞蚕卵）、小卵（米蛾卵）和人工卵繁蜂技术和机械化生产的工艺流程已日益成熟。我国有近10种赤眼蜂被大量繁殖和推广应用，主要用于防治玉米、甘蔗、棉花等农作物和一些林木、果树害虫，推广应用面积为世界之最。稻田中常见的赤眼蜂包括稻螟赤眼蜂、螟黄赤眼蜂和松毛虫赤眼蜂，这三种赤眼蜂对稻纵卷叶螟卵都有较好的防治效果（许燎原等，2016）。同时多地的大田研究表明，赤眼蜂对稻纵卷叶螟防治效果与化学防治相当（表5-2）（张仁，2012；庄家祥，2014；谢绍兴和周文杰，2014）。

表5-2　人工释放赤眼蜂防治稻纵卷叶螟效果
（张仁，2012）

处　理	放蜂后14d			
	总叶数	卷叶数	卷叶率（%）	校正防效（%）
放蜂田	5 700	33	2.3	77
农民自防田	5 604	23	1.6	84
不防治对照田	5 220	528	10.1	—

方法：根据虫情监测结果，于稻纵卷叶螟迁入代蛾高峰期开始释放螟黄赤眼蜂或稻螟赤眼蜂。每代放蜂2～3次，间隔3～5d，每667m²每次放蜂10 000头，均匀设置6～8个放蜂点，放蜂点之间距离8～10m。蜂卡置于放蜂器内或倒扣在带孔的纸杯中，悬挂在木棍或竹竿上插入田间，避免阳光直接照射蜂卡。蜂卡挂放的高度为

离植株顶部1~10cm，并随植株生长进行调整。我们根据浙江省稻纵卷叶螟发生特点，提出了《稻田释放赤眼蜂防治稻纵卷叶螟技术规程（浙江省地方标准建议稿）》（附录4），可供不同稻区参考。

释放效果评价：放蜂当日，在放蜂田及对照田随机选取50粒当天产下的稻纵卷叶螟卵，并用油性彩笔画圈标记，于放蜂3~4d采回室内，在未寄生卵开始孵化时观察统计赤眼蜂的寄生率。通常在采回室内后的第二至三天，被寄生卵开始变黑，未寄生卵不变黑或孵出幼虫。待被寄生卵全部变黑时，统计赤眼蜂的实际寄生效果。如果实际寄生率达到50%~60%，则可不必对害虫进行化学防治。

注意事项：

（1）选择释放次数。不同的释放次数对防治效果有一定的影响。总体上来说释放3次要好于释放2次，用户可以根据虫情选择释放次数（表5-3）。

表5-3　田间释放螟黄赤眼蜂防治稻纵卷叶螟的效果

处　理	寄生率（%）	实际寄生率（%）
5日3次	62.7±2.3 a	55.8
5日2次+空卵	39.0±4.0 b	27.8
自防田	19.8±2.6 c	5.0
不防治对照	15.5±4.2 c	—

注：表中所列数据为平均数±标准误，不同的字母表示有显著性差异。

（2）选择释放间隔时间。2次释放赤眼蜂的间隔时间一般为3d或5d，我们的实验结果显示，间隔3d的防治效果要好于5d，但综合考虑成本和所在地虫情也可以选择间隔5d（表5-4）。

表5-4　不同放蜂间隔时间对稻纵卷叶螟卵实际寄生率

处　理	寄生率（%）	实际寄生率（%）
每667m^{2}10 000头（间隔3d）	62.7±2.3 a	55.9
每667m^{2}10 000头（间隔5d）	57.2±5.2 a	49.3
自防田	19.8±2.6 b	5.1
不防治对照	15.5±4.2 b	—

注：表中所列数据为平均数±标准误，不同的字母表示有显著性差异。

（3）放蜂器的选择。目前常用的放蜂器有3种，可根据需求选择合适的放蜂器。值得注意的是，在高温季节蜂卡应置于叶冠层下，以提高出蜂率。

图5-2　田间释放赤眼蜂

（4）种植蜜源植物。芝麻是一种十分适合用于稻田的蜜源植物，它能显著提高螟黄赤眼蜂的寿命和繁殖力但并不会促进稻纵卷叶螟的寿命和产卵（表5-5）。除芝麻外，酢酱草花也是个十分好的可提高赤眼蜂功能的蜜源植物（表5-6）。酢浆草花富含葡萄糖和果糖，能显著延长和提高螟黄赤眼蜂的寿命和寄生力，且酢浆草花白天开放，20时之后基本全部闭合，不会作用于夜间活动的螟虫，生态风险较低（表5-7，图5-3）。

表5-5　芝麻花对稻纵卷叶螟及其卵寄生蜂螟黄赤眼蜂的
　　　　寿命和繁殖力的作用

物　种	食　物	寿命（h）		繁殖力
		雌虫	雄虫	
螟黄赤眼蜂	芝麻花	42.9 ± 1.2a	42.2 ± 1.2a	77.6 ± 4.1a
	水	37.6 ± 1.3b	33.8 ± 1.0b	41.6 ± 2.3b
稻纵卷叶螟	芝麻花	140.3 ± 10.47a	117.0 ± 9.0a	0.8 ± 0.4a
	水	137.4 ± 45.23a	107.7 ± 7.8a	0.1 ± 0.1a

注：表中所列数据为平均数 ± 标准误，不同的字母表示通过 t 检测分析芝麻与水之间具有显著性差异。

表5-6 三叶草花对螟黄赤眼蜂雌成虫寿命和寄生力的作用

| | 螟黄赤眼蜂雌成虫 | |
	寿命（h）	寄生力（粒）
清水	28.4 ± 1.63 b	28.8 ± 2.52 b
车轴草花（*Trifolium repens*）	42.8 ± 7.45 ab	48.5 ± 5.58 ab
酢酱草花（*Oxalis corniculata*）	83.8 ± 18.72 a	62.3 ± 11.84 a

注：表中所列数据为平均数 ± 标准误，不同的字母表示通过单因素方差分析具有显著性差异。

表5-7 不同时间段酢酱草花花蜜成分含量

| 时间 | 糖浓度（mg/mL） | | |
	葡萄糖	果糖	蔗糖
8:00	73.06 ± 7.95 b	90.61 ± 11.87 b	1.5 ± 0.15 a
	44.23%	54.86%	0.91%
12:00	119.49 ± 5.72 a	152.28 ± 9.43 a	4.47 ± 1.54 a
	43.26%	55.12%	1.62%
16:00	88.29 ± 3.35 b	111.24 ± 4.24 b	3.88 ± 1.62 a
	43.40%	54.69%	1.91%

注：表中所列数据为平均数 ± 标准误，不同的字母表示有显著性差异。

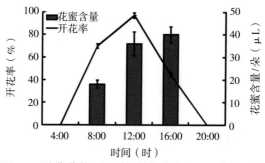

图5-3 酢浆草花不同时间段花蜜含量及开花的比例

（5）非靶标农药的使用。由于稻田多种病虫害交替或同时发生，放蜂期间很可能需要施用化学农药来防治稻飞虱、稻瘟病、纹枯病和稻曲病等。由于毒死蜱对稻螟赤眼蜂成虫有极高的毒性，因此在赤眼蜂释放期应禁止使用毒死蜱（表5-8）。在防治稻飞虱时优先选用低毒性的印楝素和吡蚜酮，同时可选用井冈霉素防治纹枯病和稻曲病。禁止在成蜂高峰期使用三唑酮防治纹枯病等病害，但可在放蜂3d后使用，或将放蜂时间提前。

表5-8　处理24h后5种非靶标农药对稻螟赤眼蜂成蜂的风险

药 剂	LC$_{50}$（mg/L）	直线回归方程	95%置信区间	相关系数（r）	安全系数	风险等级
60%井冈霉素	>10 000				>625	低
96%三唑酮	49.539	$Y = 4.431\,9 + 92.435X$	32.398 ~ 64.164	0.976 0	0.17	高
97.4%印楝素	>25 000				>400	低
99.5%吡蚜酮	>2 000				>20	低
98.2%毒死蜱	0.382	$Y = 0.211\,3 + 0.375\,3X$	0.343 ~ 0.440	0.981 4	0.001	极高

5.2 性信息素诱捕成虫技术

化学信息素是生物体之间起化学通信作用的化合物的统称，是昆虫交流的化学分子语言。其中，性信息素是我们最早了解和使用的化学信息素，由昆虫的某一性别的个体分泌于体外，被同种异性个体的感受器所接受，并引起异性个体产生一定的生殖行为反应（如觅偶定向、求偶交配等）的微量化学物质。在自然界中，雌成虫在性成熟后会释放性信息素化合物，吸引雄成虫与之交配以繁衍后代。

原理：昆虫性诱剂产品利用雌性性信息素能引诱雄性害虫的特点，通过在诱捕器中放置可以释放性信息素的诱芯诱捕雄性害虫，降低害虫交配概率，减少后代种群数量，最终达到防治的目的。整套诱捕装置由诱芯和诱捕器组成。

方法：在田间设置诱捕器，应遵循外密内疏的布局原则，平均每667m²放1个诱捕器，连片设置，在稻纵卷叶螟成虫发生期设放诱杀。放置高度为诱捕器底端低于水稻植株顶端10cm左右。

注意事项：

1）选择正确的诱芯产品。由于性诱剂的地理区系差异和性信息素化合物在自然环境条件下的不稳定性，不同厂家生产的诱芯质量差异较大。因此，在大面积使用前，应该先开展小范围的实验，以筛选适合当地的诱芯产品。

2）诱芯保存方法。性信息素产品易挥发，需要存放在较低温度（-5～-15℃）的冰箱中；短时间暂存应该远离高温，避免暴晒，使用前才打开密封包装袋。

3）选择合适的诱捕器。由于不同的厂家设计生产的诱捕器有所不同，选择合适的诱捕器十分重要。研究结果显示，新型干式诱捕器诱捕效果与黏胶诱捕器没有显著性差异（表5-9）。但干式诱捕器可以重复使用，平时只要定时更换诱芯，诱捕效果直观，防治成本低，操作简单又干净，推荐使用。

表5-9 不同诱捕器装置诱集稻纵卷叶螟成虫数量
（朱平阳等，2013）

诱捕装置	诱集稻纵卷叶螟数量（头/个）
干式诱捕器+二化螟诱芯+稻纵卷叶螟诱芯	0.67 ± 0.38b
干式诱捕器+稻纵卷叶螟诱芯	23.89 ± 4.79a
黏胶式诱捕器+稻纵卷叶螟诱芯	28.89 ± 6.41a

注：表中数据为平均值 ± 标准误，同列数值后小写字母不同表示差异显著性（$p<0.05$）。$F=10.595$，$p=0.011$。

4）设置时间。由于性信息素的作用机制是改变害虫的正常行为，而不像传统杀虫剂直接对害虫产生毒杀作用，需要在害虫发生早期，如稻纵卷叶螟还未迁飞入田或仅有少量迁飞入田的时候就开始设置。

5）设置高度。高度对于诱捕器的诱集效果有很大的影响，稻纵卷叶螟经常静息在稻丛中，当水稻植株低矮时，诱捕器一般距地（水）面约0.5m。当植株长高至1m及以上时，诱捕器底边应低于水稻叶面顶部10～20cm（杜永均等，2013）。

6）设置面积。为减少成熟雌虫入侵造成防治效果下降，防治面积最好在3.3hm²以上。同时，在诱捕器设置上一般外围密度高，内圈特别是中心位置可以减少诱捕器的放置数量。

图5-4 田间应用稻纵卷叶螟性信息素诱捕器

5.3 控肥减害技术

氮肥过量施用、肥料利用率低是我国水稻生产的普遍现象，也是水稻病虫害猖獗的重要原因之一。控肥减害技术的主要内容是控肥、控苗、控病虫。控肥就是控制总施氮量，氮肥后移，前期的基肥和分蘖肥施氮量减少，中、后期的穗肥和粒肥施氮量大幅增加，提高氮肥利用率，减少环境污染；控苗就是控制无效分蘖和最高苗数，提高茎蘖成穗率和群体质量，保证高产稳产；控病虫就是通过控肥削弱水稻害虫的生态适应性和种群增殖能力，提高重要天敌的自然控制功能，减少杀虫剂的使用（钟旭华等，2007）。

控肥减害技术操作主要有以下几部分：①选用良种，培育壮秧；②合理密植，插足基本苗；③确定总施肥量与不同时期施肥量，制定施肥方案；④合理的田间管理。其中确定总施肥量，要根据目标产量与无氮区地力产量来确定，以地力产量为基础，每增产100kg稻谷需增施纯氮约5kg。如缺乏未施氮区产量资料，可根据目标产量和氮肥偏生产力来计算，每667m²总施氮量（kg）＝每667m²目标产量（kg）/氮肥偏生产力。氮肥偏生产力是衡量氮

51

肥利用效率高低的指标，可取稻：纯氮＝45～50kg：1kg。如每667m²目标产量为500kg，则总施氮量为10.0～11.1kg。总施氮量确定后，可按基肥40%～50%、分蘖肥约20%、穗肥20%～30%、粒肥5%～10%的比例确定移栽稻各阶段的施肥量。具体施肥量可在追肥前根据叶色调整，叶色深则少施，叶色浅则多施（钟旭华等，2007）。

图5-5　水稻控肥减害技术示范田（浙江临海）

　　在浙江省杭州萧山、金华婺城、台州临海、宁波余姚、丽水景宁5个市（县）设了7个试验点，在前期调查的基础上，调整了施肥方案，减少前期基肥和分蘖肥施氮量，增加中后期的穗肥和粒肥施氮量（图5-5）。依据目标产量和田块肥力，确定了氮肥总量，氮、磷、钾肥的比例基本为1：0.3～0.4：0.8～0.9，与当地习惯相比普遍减少了氮肥用量，增加了钾肥用量，磷肥量按方案或增或减。控肥减害技术区的氮肥分4次，基蘖、穗、粒肥的比例基本为5：2：2：1（表5-10）。和习惯施肥相比，控肥减害技术减少了水稻生长前期氮肥，增加了后期氮肥的使用。这使得控肥减害试验区比习惯施肥区在水稻生长前期的分蘖较少，生长较慢，病虫的发生和为害减轻。调查结果表明，所有的试验点控肥减害区的稻纵卷叶螟的卷叶率低于习惯施肥区，其中台州和金华点稻纵卷叶螟发生显著低于习惯施肥（图5-6）。

表5-10　控肥减害技术与当地习惯施肥的比较

试验点	水稻品种	处理	每667m² 氮肥（折合纯）（kg）	每667m² 磷肥（折合纯）（kg）	每667m² 钾肥（折合纯）（kg）	氮、磷、钾比例	氮肥基、蘖、穗、粒肥比例
萧山	春优84	控肥减害	15.60	4.68	12.48	1:0.3:0.8	5:2:2:1
		习惯施肥	14.78	3.2	9.30	1:0.22:0.63	5.95:4.05:0:0
		增减（%）	+5.55	+46.25	+34.19		
萧山	浙粳88	控肥减害	13.8	4.14	11.4	1:0.3:0.8	5:2:2:1
		习惯施肥	14.78	3.2	9.30	1:0.22:0.63	6:4:0:0
		增减（%）	−6.63	+29.38	+22.58		
余姚	浙粳88	控肥减害	14.0	4.2	12.0	1:0.3:0.86	4.9:2.1:2.0:1.0
		习惯施肥	19.15	8.0	3.75	1:0.42:0.2	4.4:5.6:0:0
		增减（%）	−26.89	−47.50	+220.00		
台州	甬优18	控肥减害	11.29	3.38	9.58	1:0.33:0.93	5:2:2:1
		习惯施肥	12.93	4.88	4.88	1:0.38:0.38	3.8:4.4:0:1.8
		增减（%）	−12.68	−30.77	+96.41		
金华	甬优15	控肥减害	10.13	3.0	7.65	1:0.3:0.76	5:1.74:1.74:1.1
		习惯施肥	9.5	9.5	9.5	1:1:1	5.3:2.6:2.1:0
		增减（%）	+6.63	−68.42	−19.47		
景宁	中浙优2838	控肥减害	9.16	2.7	7.2	1:0.3:0.79	5:2:2:1
		习惯施肥	9.27	1.5	2.25	1:0.16:0.24	0:10:0:0
		增减（%）	−1.19	+80	+220		
景宁	中浙优8号	控肥减害	10.99	3.45	9.38	1:0.31:0.85	5:2:2:1
		习惯施肥	14.45	2.1	3.15	1:0.15:0.22	0:10:0:0
		增减（%）	−23.94	+64.29	+197.78		

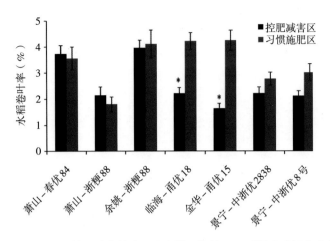

图5-6　水稻控肥减害技术田和当地习惯施肥田稻纵卷叶螟卷叶率

5.4 生物农药的应用

5.4.1 病毒

　　病毒是许多昆虫的重要病原物，利用昆虫病毒进行害虫防治具有巨大的潜力。1979年，武汉大学从稻纵卷叶螟病死幼虫中分离出颗粒体病毒，在室内对幼虫不易感染或感染率很低（20%～40%），但与斜纹夜蛾核型多角体病毒（PINPV）一起混合感染可达80%～85%（胡远扬和刘年翠，1982）。1979年，中山大学在广东恩平晚稻田的稻纵卷叶螟病死幼虫中也分离出颗粒体病毒，且时隔30多年后仍能从恩平的稻田中发现（庞义等，1981；张珊等，2014）。近年来，江苏里下河地区农业科学研究所也自野外病虫中分离获得了高毒力稻纵卷叶螟颗粒体病毒（*Cnaphalocrocis medinalis granulovirus*，CmGV），对稻纵卷叶螟幼虫致病力强，特别是能在害虫种群内引起疾病流行，田间自然感病率达30%～40%（Han et al.，2016）；该病毒与Bt具有明显的增效作用，初始感染死亡时间较单剂CmGV缩短3d，感染死亡率提高20.23%，且持效期在30d

以上（刘琴等，2013），目前正处于产品登记阶段。方甜等（2015）和王国荣等（2016）利用甘蓝夜蛾核型多角体病毒（*Mamestra brassicae* multiple NPV）防治稻纵卷叶螟，取得较好的防治效果。目前，已登记在稻纵卷叶螟上使用的病毒制剂仅有甘蓝夜蛾核型多角体病毒。

原理：核型多角体病毒呈十二面体、四角体、五角体、六角体等，直径0.5 ~ 15μm，包含多个病毒粒子，多在寄主的血、脂肪、皮肤等细胞的细胞核内发育，故称核型多角体病毒。核型多角体病毒寄主范围较广，主要寄生鳞翅目昆虫，经口或伤口感染。经口进入虫体的病毒被胃液消化，游离出杆状病毒粒子，通过中肠上皮细胞进入体腔，侵入细胞，在细胞核内增殖，之后再侵入健康细胞，直到昆虫死亡。病虫粪便和死虫再传染其他昆虫，使病毒病在害虫种群中流行，从而控制害虫为害。病毒也可通过卵传到昆虫子代。

方法：稻纵卷叶螟发生时，在卵孵化盛期，每667m²选用30亿PIB/mL甘蓝夜蛾核型多角体病毒悬浮剂30 ~ 50mL，对水50kg，均匀喷雾。

注意事项：确保用水量，喷雾时力求均匀周到，不留死角。选择9时后12时前和16时后施药。

5.4.2 苏云金芽孢杆菌

苏云金芽孢杆菌（*Bacillus thuringiensis*，Bt）是包括许多变种的一类产晶体芽孢杆菌。Cry蛋白对鳞翅目、双翅目和鞘翅目的植食性昆虫有很大杀伤力，对天敌安全。目前，主要将苏云金芽孢杆菌发酵生产制成高效生物杀虫剂。

原理：苏云金芽孢杆菌产生孢子的过程中，可以产生由*cry*基因编码的具有杀虫活性的δ-毒素（或被称为杀虫晶体蛋白）。Cry蛋白被昆虫取食后，在虫体肠道特殊的pH条件下被分解成具有活性的多肽，这些多肽与肠道上皮细胞一些特异受体蛋白结合，破坏细胞膜，最后导致害虫死亡。

方法：利用苏云金芽孢杆菌制剂防治稻纵卷叶螟，可在卵孵化盛期，每667m²用8 000 IU/μL悬浮剂200～400mL或16 000 IU/mg可湿性粉剂100～150g或100亿活芽孢/mL悬浮剂200～400mL，对水45kg，细喷雾（弥雾机施药时用药液量不得少于20kg）。

注意事项：确保用水量，喷雾时力求均匀周到，不留死角。为避免紫外线的影响，最好选择在17时后施用，阴天可全天施用，以细喷雾的效果最佳。在养蚕地区要慎用该药，以免引起家蚕中毒。

5.4.3　短稳杆菌

短稳杆菌（*Empedobacter brevis*）是在斜纹夜蛾体内分离发现的致病细菌。通过发酵工艺生产出来的短稳杆菌制剂对稻纵卷叶螟等多种鳞翅目害虫有效。高小文等（2012）在福建、浙江、广东、江苏等地试验发现，每公顷用820.33mL、937.42mL、1 093.75mL防治稻纵卷叶螟，平均防效分别为70.03%、76.92%、81.56%。目前，短稳杆菌已登记在水稻上使用。

原理：短稳杆菌是最新创制的生物农药，是一种新型细菌杀虫剂，具有胃毒作用。

方法：在卵孵化高峰后1～3d施药，每667m²用100亿芽孢/mL短稳杆菌悬浮剂80～100g对水45kg细喷雾。

注意事项：施药时田间应当保持5～7cm水层，药后保持水层3～5d。

5.4.4　球孢白僵菌

球孢白僵菌（*Beauveria bassiana*）被认为是最具开发潜力的一种昆虫病原真菌，是真菌—昆虫互作研究的重要模式种。隶属于子囊菌门、肉座菌目、虫草菌科、白僵菌属，是广谱性昆虫病原真菌，主要进行无性繁殖，产生分生孢子；可进行有性生殖并产生子实体。陈莉莉等（2014）报道了用400亿个孢子/g球孢白僵菌对连晚稻稻纵卷叶螟进行防治，防效达80%左右。

原理：孢子通过体壁进入虫体内，再萌发生长出大量菌丝，使害虫发生败血症而逐渐死亡，害虫感病后往往停止取食为害。

方法：用150亿孢子/g球孢白僵菌可湿性粉剂600～1 200g/hm²，对水45kg，细喷雾（弥雾机施药时用药液量不得少于20kg）。

注意事项：确保用水量，喷雾时力求均匀周到，不留死角。球孢白僵菌因其速效性较差，用药时间需适当提早，在害虫大发生时不宜单独使用，需与其他化学杀虫剂混用。

5.5 放宽防治指标/前期弃治

无论是剪叶模拟稻纵卷叶螟为害，还是笼罩接虫试验的结果均表明了水稻对稻纵卷叶螟为害具有一定的忍耐能力和补偿作用，但耐害和补偿反应是有条件的，而且是有限度的。杂交籼稻补偿能力大于粳稻，分蘖期大于孕穗、抽穗期；分蘖力强的品种（如超级杂交稻），受害后的补偿能力亦较大。因此，在选用抗（耐）虫高产良种的基础上，充分考虑水稻的补偿能力，根据水稻生长阶段相应地放宽防治指标，在保证水稻产量稳定的同时，减少大田用药次数和用药量，可以有效减少农药使用量，节本增效和保护天敌（图5-7）。

图 5-7　前期弃治稻纵卷叶螟对水稻生长的影响
（浙江淳安，2016）
1.水稻生长前期弃治稻纵卷叶螟　2.后期水稻生长状况

水稻分蘖孕穗前充分发挥水稻植株的补偿作用。水稻移栽后30d内弃治稻纵卷叶螟，可以有效保护和促进天敌种群增长，充分发挥天敌对害虫种群量的控制作用。这不仅有利于稻纵卷叶螟的防治，而且对于稻飞虱的种群发展也有抑制作用，降低后期稻飞虱暴发的可能性（Heong，2014）（图5-8）。

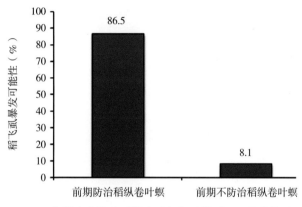

图5-8 化学农药防治稻纵卷叶螟与后期稻飞虱暴发的关系
（Heong， 2014）

5.6 应急化学农药防控技术

5.6.1 防治原则

稻纵卷叶螟的化学防治应在采取其他综合性防治措施后、天敌仍难以控制为害的情况下，田间虫口密度达到或超过防治指标时（附录2），施用化学药剂控制种群量或减轻为害，将稻纵卷叶螟的为害控制在经济允许水平之下。水稻分蘖期具有一定的植株补偿能力，此时期出现稻纵卷叶螟为害，不可盲目用药，应以发挥植株补偿作用和天敌控害作用为主，保护自然天敌，防治的关键期应为水稻孕穗期至抽穗期。药剂应选择高效、低毒、低残留、生态友好型品种，不应使用国家禁用农药、拟除虫菊酯类（含隐性成分）药剂品种或复配剂。当稻纵卷叶螟发生量大、发生期不整齐需多次用药时，应轮换、交替使用农药；如果田间同时发生稻飞虱、螟虫等其他害虫，可选择多靶标品种或现混现用，起到兼治作用，减少田间作业次数。

5.6.2 防治指标

稻纵卷叶螟药剂防治适期为卵孵化高峰期至低龄（三龄前）幼虫期，一方面，三龄以下幼虫处于发生初期，食量小，尚未进入暴食期；另一方面，低龄幼虫仅吐丝形成小的稻叶束尖，药剂能够接触到虫体或渗入叶尖发挥作用；第三，三龄前幼虫体表蜡质层较薄，耐药力较差，药剂防效高。稻纵卷叶螟的药剂防治时期以田间稻叶束尖（或新虫苞）或低龄幼虫量为指标（表5-11），当其中一项指标达到时，即应实施防治。

表5-11　稻纵卷叶螟药剂防治指标

水稻生育期	束尖或新虫苞（个/百丛）	一至三龄幼虫量（头/百丛）
分蘖期	150	150
孕穗至抽穗期	60	60

5.6.3 常用药剂品种及使用

截至2015年5月，取得我国农药登记的防治稻纵卷叶螟的药剂共有23个品种（表5-12），从化学结构上，可分为有机磷类、沙蚕毒素类、氨基甲酸酯类、双酰胺类、缩氨基脲类和农用抗生素类等，从作用方式上，可分为胃毒剂、触杀剂和昆虫生长调节剂等。

除了取得登记的农药单剂品种外，还有众多的复配制剂。在选择复配剂品种时，应注意复配剂的有效成分，如只需防治稻纵卷叶螟，复配剂的各组分都应以稻纵卷叶螟为靶标对象，不应选择不同靶标对象的复配剂，避免出现有效药量不够、防效差的现象，并浪费了非靶标药剂。生产上选择药剂时，建议优先选择登记用于稻纵卷叶螟的单剂品种，如需同时防治其他害虫或病害，而所选品种又无兼治作用时，可将另一靶标对象的杀虫（菌）剂临时按推荐剂量混配施用。表5-13为稻纵卷叶螟应急化学防治的推荐药剂。

表5-12　已取得我国农药登记用于防治稻纵卷叶螟的化学农药品种（单剂）

种　类	名　　称	种　类	名　　称
有机磷类	丙溴磷	沙蚕毒素类	杀虫单
	毒死蜱		杀虫双
	喹硫磷		杀螟丹
	乙酰甲胺磷	氨基甲酸酯类	仲丁威
	辛硫磷		茚虫威
	氧化乐果		克百威（颗粒剂撒施）
	杀螟硫磷	双酰胺类	氯虫苯甲酰胺
	稻丰散		四氯虫酰胺
农用抗生素类	阿维菌素		氟苯虫酰胺
	甲氨基阿维菌素苯甲酸盐	缩氨基脲类	氰氟虫腙
	多杀霉素	其他	抑食肼
	乙基多杀菌素		

作用机理：

双酰胺类的氯虫苯甲酰胺、氟苯虫酰胺、四氯虫酰胺是近年来新创制并在稻田应用的一类新型杀虫剂品种，其作用机理为激活昆虫的鱼尼丁受体，过度释放细胞内的钙离子，引起肌肉麻痹，导致昆虫瘫痪，抑制昆虫取食，最终饥饿死亡。缩氨基脲类的氰氟虫腙是胃毒杀虫剂，通过昆虫取食进入体内，可以阻断神经元轴突膜上的钠离子通道，使钠离子不能通过轴突膜，抑制神经传导，导致虫体麻痹，停止取食而死亡。有机磷类和氨基甲酸酯类药剂均为神经毒剂，作用于昆虫的神经传导系统，可以抑制乙酰胆碱酯酶活性，影响神经传导功能，导致昆虫过度兴奋和痉挛，最终致死，因此，这两类杀虫剂普遍具有广谱性、速效性。抑食肼为具有蜕皮激素活性的昆虫生长调节剂，刺激昆虫加速脱皮，并抑制取食和减少产卵，其速效性较差，但持效期长。

施药方法：

防治稻纵卷叶螟药剂的作用方式以胃毒、触杀为主，要求施药时使药液均匀展布在上层叶片上，增加虫体接触和取食药剂的概率，提高防治效果。施药器械可以选用常量、低容量或超低容量喷雾器（机），施药量应参考所选品种的推荐剂量，常量喷雾的喷液量一般为每667m²30 ~ 45L，超低容量喷施药剂原液，通常每667m²喷液量为100mL，不需加水。

为了提高药剂防治效果，施药时可在药液中加入适量的增效剂，增效剂本身不具有杀虫活性，但可提高药剂的展着性、穿透或渗透性、乳化分散性、加速沉降和减少飘移等，提高防治效果。常用的增效剂有农用有机硅、矿物油、洗衣粉、激健（商品名）、安融乐（商品名）等。

表5-13　防治稻纵卷叶螟推荐药剂

药剂名称	含量和剂型	每667m²建议用量（有效成分）	备注
氯虫苯甲酰胺	20%悬浮剂	1 ~ 2g	兼治二化螟、三化螟、大螟、稻水象甲
四氯虫酰胺	10%悬浮剂	1 ~ 2g	
氟苯虫酰胺	20%水分散粒剂 20%悬浮剂	1.4 ~ 2g	兼治二化螟
氰氟虫腙	22%悬浮剂	7.2 ~ 12g	
抑食肼	20%可湿性粉剂	10 ~ 20g	兼治黏虫
丙溴磷	40%乳油	32 ~ 40g	兼治二化螟、稻飞虱
多杀霉素	48%悬浮剂 20%悬浮剂 10%水分散粒剂	2.5 ~ 4.8g	
乙基多杀菌素	6%悬浮剂	1.2 ~ 1.8g	
茚虫威	6%微乳剂 30%悬浮剂 15%悬浮剂 30%水分散粒剂	1.8 ~ 2.4g	

5.6.4 化学农药使用注意事项

1）轮换和交替用药。如每季需要多次施药防治稻纵卷叶螟，选择药剂时应注意轮换用药和交替用药，每种药剂（或含有有效成分的复配剂）每季只使用1～2次。

2）密切监测虫情。稻纵卷叶螟药剂防治效果受施药时期影响较大，一、二龄幼虫时用药效果最好。因此要做好田间虫情监测，用早、用准，避免田间幼虫已达高龄时才施药防治。

3）稻纵卷叶螟防治期一般在夏季高温季节，10时前露水未干或16时后施药最为适宜，避免中午高温和日照强烈时施药，以免造成生产性农药中毒，或药剂光降解影响防效。

4）一些防治稻纵卷叶螟的药剂如杀虫双、杀螟单等对蚕高毒，养蚕植桑区慎用。

附录1 GB/T 15793—2011 稻纵卷叶螟测报技术规范

1 范围

本标准规定了稻纵卷叶螟越冬、成虫及雌蛾卵巢发育进度、卵和幼虫种群消长及发育进度调查、卵量和幼虫发生程度普查、残留虫量和稻叶受害率（程度）普查的调查方法和测报资料整理与归档要求等技术与方法。

本标准适用于稻纵卷叶螟测报调查。

2 越冬调查

2.1 调查地区

在以本地越冬虫源为翌春主要虫源的地区进行。

2.2 调查时间

冬后成虫羽化前。

2.3 调查方法

选取稻田、绿肥田及田边、沟边等主要越冬场所，共取样20m²以上，调查稻桩、再生稻、落谷稻、冬稻及杂草上的幼虫和蛹的越冬情况1次～2次，统计死、活幼虫和蛹数及被寄生数，调查结果记入表A.1。

3 成虫及雌蛾卵巢发育进度调查

3.1 田间赶蛾

3.1.1 调查时间

从灯下或田间始见蛾开始，至水稻齐穗期。

3.1.2 调查方法

选取不同生育期和好、中、差3种长势的主栽品种类型田各1块，每块田调查面积为50m²～100m²，手持长2m的竹竿沿田埂逆风缓慢拨动稻丛中上部（水稻分蘖中期前同时调查周边杂草），用计数器计数飞起蛾数，隔天上午9时以前进行一次，调查结果记入表A.2、表B.1。

3.2 雌蛾卵巢解剖

3.2.1 调查时间

在主害代峰期每3d一次，突增后每2d一次。

3.2.2 调查方法

在赶蛾的各类型田块中用捕虫网采集雌蛾20头～30头，带回室内当即解剖，镜检卵巢级别（参见表C.6）和交配率，结果记入表A.3。

4 卵、幼虫种群消长及发育进度调查

4.1 调查时间

各代产卵高峰期开始（迁入代在蛾高峰当天，本地虫源在蛾高峰后2d），隔2d查一次，至3龄幼虫期为止。

4.2 调查方法

选取不同生育期和好、中、差3种长势的主栽品种类型田各1块～2块，定田观测。采用双行平行跳跃式取样，每块田查10点，每点2丛，调查有效卵、寄生卵、干瘪卵、卵壳和各龄幼虫数，结果记入表A.4、A.5。

5 卵量和幼虫发生程度普查

5.1 调查时间

卵量调查在田间蛾量突增后2d～3d开始调查；幼虫发生程度调查在各代2龄～3龄幼虫盛期开始。

5.2 调查方法

卵量普查选取不同生育期和好、中、差3种长势的主栽品种类型田各1块，采用双行平行跳跃式取样，每块田查5丛，每丛拔取一株，每2d调查一次有效卵、寄生卵、干瘪卵数，结果记入表A.5、表B.1；幼虫发生程度普查选取不同品种、生育期和长势类

型田各不少于20块，面积不少于1 hm²，每5 d调查一次。大田巡视目测稻株顶部3张叶片的卷叶率，对照参见表C.1确定幼虫发生级别，结果记入表A.6、表B.1。

6　残留虫量和稻叶受害率（程度）普查

6.1　调查时间

各代危害基本定局后进行。

6.2　调查方法

残留虫量调查选主要类型田各3块，双行平行跳跃式，每块田查50丛～100丛，调查残留虫量；取其中20丛查卷叶数，计算卷叶率；每类型田取50条幼虫，分虫态和龄期，结果记入表A.4。稻叶受害程度调查取样同幼虫发生普查，调查稻株顶部3张叶片的卷叶率，确定稻叶受害程度（参见表C.2），记录各级别田块数及所占比例，结果记入表A.7。

7　预测方法

7.1　发生期预测

7.1.1　世代划分法

世代以成虫为起点，命名方法如下：

用中文数字标出全国统一划分的世代，在括号内用阿拉伯数字注出相应的地方称呼世代，如：全国统一世代为第四代，地方相应世代为第二代，写成"四（2）代"，适用于除海南南部以外的所有非周年繁殖发生区，全国稻纵卷叶螟世代划分参考表C.5。

7.1.2　历期法预测

卵孵高峰期：由田间赶蛾查得蛾高峰日，加上本地当代的产卵前期（外来虫源为主的世代或峰次不加产卵前期）。

二龄幼虫期：为卵孵高峰期加上卵历期和一龄幼虫历期。

7.2　发生量预测

7.2.1　发生趋势预测

根据虫源地的残留量及发育进度，结合本地雨季和高空大气流场的天气预报，分析迁入虫源多少。如虫源地防治后残虫量多，羽化盛期当地气候对迁入有利，迁入量可能偏多。

本地虫源为主时，根据残留量多少，分析下一代发生趋势。

7.2.2 根据蛾量预测

根据田间蛾量，结合雨季的长短、雨日、雾露、温度、湿度情况，结合水稻生育期和长势等，进行综合分析预测。

7.2.3 根据卵量作短期预测

根据卵量，考虑气候、天敌等影响因子，运用稻纵卷叶螟生命表研究成果，进行分析预报。

8 数据汇总和传输

8.1 主要传输工具

采用互联网和传真机等。

8.2 模式报表

按统一汇报格式、时间和内容汇总上报。其中，发生程度分别用1、2、3、4、5表示。同历年比较的早、增、多、高用"＋"表示，晚（迟）、减、少、低用"－"表示；与历年相同和相近，用"0"表示；缺测项目用"××"表示。

9 调查资料表册

全国制定统一的"调查资料表册"的样表一份（见附录A），供各地应用时复制。用来规范各区域测报站测报调查行为，确保为全国数据库积累统一、完整的测报调查资料。其中内容不能随意更改，各项调查内容须在调查结束时，认真统计和填写。

附录 A
（规范性附录）
农作物病虫调查资料表册
稻纵卷叶螟

（　　　　年）

测报站名_____盖章

站　　　址_____

（北纬：_____东经：_____海拔：_____）

测报员_____

负责人_____

表A.1　稻纵卷叶螟越冬调查表

调查地点	调查日期（年月日）	地点	越冬场所	植被种类	取样面积/m²	幼虫数/头			蛹数/头				活虫数/头	总死虫数/头	总死亡率/%	幼虫寄生率%	蛹寄生率/%	活虫量/(头/667m²)	备注
						活虫	死虫	寄生	活蛹	死蛹	寄生	蛹壳							

表A.2　稻纵卷叶螟田间赶蛾调查记载表

调查地点	调查日期（年月日）	世代	稻作类型	品种	生育期	赶蛾面积/m²	蛾量/头	折合每667m²蛾量/头	备注

表A.3　稻纵卷叶螟剖蛾记载表

调查地点	调查日期（年月日）	世代	剖蛾数	各级卵巢雌蛾头数和所占比例										交配率/%	备注
				一级		二级		三级		四级		五级			
				头数/头	比例/%	头数/头	比例/%	头数/头	比例/%	头数/头	比例/%	头数/头	比例/%		

表A.4　稻纵卷叶螟幼虫发育进度及残留虫量调查表

调查地点	调查日期(年月日)	世代	类型田	品种	生育期	调查丛数/丛	总虫数/头	活虫数								寄生幼虫数/头	寄生率/%	卷叶率/%	虫量	
								幼虫					蛹	蛹壳					头/100丛	头/667m²
								一龄	二龄	三龄	四龄	五龄								
								头 %	头 %	头 %	头 %	头 %	头 %	头 %	头	%	%		

表A.5　稻纵卷叶螟田间卵量调查表

调查地点	调查日期(年月日)	世代	类型田	品种	生育期	调查丛数/丛	总卵粒数/粒	其中				百丛卵量(未孵+孵化)/粒	寄生率/%	干瘪率/%	孵化率/%	备注
								未孵卵粒数/粒	寄生卵粒数/粒	干瘪卵粒数/粒	孵化卵粒数/粒					

表A.6　稻纵卷叶螟幼虫发生程度普查记载表

调查地点	调查日期(年月日)	世代	类型田	生育期	调查田块数/块	代表面积/667m²	各级别幼虫发生田块数及所占百分比										备注
							一		二		三		四		五		
							田块数	%	田块数	%	田块数	%	田块数	%	田块数	%	

表A.7 稻纵卷叶螟叶片受害程度普查记载表

调查地点	调查日期（年月日）	世代	类型田	生育期	调查田块数/块	代表面积/667m²	各级别叶片受害程度田块数及所占百分比										备注
							一		二		三		四		五		
							田块数	%	田块数	%	田块数	%	田块数	%	田块数	%	

表A.8 稻纵卷叶螟发生防治基本情况

水稻类型	水稻播种面积/hm²	发生面积/hm²	防治面积/hm²	受害绝收面积/hm²	挽回损失/t	实际损失/t
双季早稻						
双季晚稻						
单季中晚稻						
其 他						
合 计						
简述发生概况和特点：						

附录B

（规范性附录）

稻纵卷叶螟模式报表

表B.1 稻纵卷叶螟模式报表

填报单位	填报日期	本候水稻生育期	本候平均田间蛾量/（头/667m²）	本候最高田间蛾量/（头/667m²）	本候大田普查百丛虫量/头	本候大田普查百丛卵量/粒	本候大田普查平均卷叶率/%	发生面积占种植面积的比例/%	主害类型田	备注
1	2	3	4	5	6	7	8	9	10	11

注：汇报时间从灯下或田间开始查见稻纵卷叶螟至水稻收割，华南、江南稻区4月初，长江、江淮稻区5月初开始，每月逢1、6、11、16、21、26日收集。每逢1、6日汇报。

附录C

（资料性附录）

稻纵卷叶螟发生危害划分指标

表C.1　稻纵卷叶螟幼虫发生级别分类表

级别	分蘖期		孕穗至抽穗期	
	卷叶率/%	虫量/（万头/667 m²）	卷叶率/%	虫量/（万头/667 m²）
一	<5.0	<1.0	<1.0	<0.6
二	5.0 ~ 10.0	1.0 ~ 4.0	1.0 ~ 5.0	0.6 ~ 2.0
三	10.1 ~ 15.0	4.1 ~ 6.0	5.1 ~ 10.0	2.1 ~ 4.0
四	15.1 ~ 20.0	6.1 ~ 8.0	10.1 ~ 15.0	4.1 ~ 6.0
五	>20.0	>8.0	>15.0	>6.0

表C.2　稻叶受害程度级别分类表

级别	分蘖期		孕穗至抽穗期	
	卷叶率/%	产量损失率/%	卷叶率/%	产量损失率/%
一	<20.0	<1.5	<5.0	<1.5
二	20.0 ~ 35.0	1.5 ~ 5.0	5.0 ~ 20.0	1.5 ~ 5.0
三	35.1 ~ 50.0	5.1 ~ 10.0	20.1 ~ 35.0	5.1 ~ 10.0
四	50.1 ~ 70.0	10.1 ~ 15.0	35.1 ~ 50.0	10.1 ~ 15.0
五	>70.0	>15.0	>50.0	>15.0

表C.3　发生（危害）程度等级及其指标

发生（危害）程度	幼虫发生或稻叶受害级别	该级面积占适生水稻面积比例/%
轻	一级	>90
偏轻	二级	>10
中等	三级	>20
偏重（比较严重）	四级	>20
大发生（特别严重）	五级	>20

表C.4 幼虫发生程度分级标准

发生程度	轻发生（1级）	偏轻发生（2级）	中等发生（3级）	偏重发生（4级）	大发生（5级）
二、三龄幼虫盛期虫口密度/（万头/667m²）	<1	1 ~ 2	2 ~ 4	4 ~ 6	>6
该虫量面积占适生田面积比例/%	>90	>10	>30	>30	>30

表C.5 全国稻纵卷叶螟世代划分统一时间表

世代	起止日期（月/日）	世代	起止日期（月/日）
一	4/15以前	五	7/21 ~ 8/20左右
二	4/16 ~ 5/20左右	六	8/21 ~ 9/20左右
三	5/21 ~ 6/20左右	七	9/21 ~ 10/31左右
四	6/21 ~ 7/20左右	八	11/1 ~ 12/10左右

表C.6 稻纵卷叶螟雌蛾卵巢级别分类表

级别	卵巢属性分类				
	发育时期	卵巢管长度（mm）	发育特征	脂肪细胞特点	交尾产卵情况
1级	羽化后0.5d（12h ~ 18h）	5.5 ~ 8	初羽化时卵巢小管短而柔软，全透明，12h后中部隐约可见透明卵细胞	乳白色，饱满，呈圆形或长圆形	未交配，交配囊瘪，呈粗管状，未产卵
2级	羽化后0.5d ~ 2.5d（36h ~ 48h）	8 ~ 10	卵巢小管中下部卵细胞成型，每个有一半乳白色卵黄沉积，一半透明	乳白色，饱满，呈圆形或长圆形	大部未交配，交配囊瘪，呈粗管状，少数交配一次，交配囊膨大呈囊状，可透见精包，未产卵
3级	羽化后2d ~ 4d（72h左右）	11 ~ 13	卵巢小管长，基部有5粒 ~ 10粒淡黄色成熟卵，末端有蜡黄色卵巢管塞	黄色，不饱满，呈长圆形，部分丝状	交尾1次 ~ 2次，交配囊膨大呈囊状，可透见1个 ~ 2个饱满精包，未产卵
4级	羽化后3d ~ 6d	>13	卵巢小管长，基部有15粒左右淡黄色成熟卵，约占管长1/2，无卵巢管塞	很少，大部丝状，少数长圆形	交尾1次 ~ 4次，交配囊膨大可透见1个 ~ 2个饱满精包或精包残体，大量产卵

（续）

级别	卵巢属性分类				
	发育时期	卵巢管长度（mm）	发育特征	脂肪细胞特点	交尾产卵情况
5级	羽化后6d~9d	9左右	卵巢小管萎缩变短，管内仍有6粒~10粒成熟卵，部分畸形，卵粒变形或粘合后也可能形成卵巢管塞	极少，呈丝形	交尾1次~4次，个别6次，交配囊中可见1个~4个精包残体或一个饱满包，产卵很少

附录2 NY/T 2737.1—2015 稻纵卷叶螟和稻飞虱防治技术规程 第1部分：稻纵卷叶螟

1 范围

本部分规定了稻纵卷叶螟防治的有关术语、定义、防治指标、防治技术。

本部分适用于我国水稻种植区稻纵卷叶螟的防治。

2 规范性引用文件

下列文件对于本文件的应用是必不可少的。凡是注日期的引用文件，仅注日期的版本适用于本文件。凡是不注日期的引用文件，其最新版本（包括所有的修改单）适用于本文件。

GB 4285 农药安全使用标准

GB/T 8321.1 ~ 8321.9 农药合理使用准则（一）~（九）

GB/T 15793 稻纵卷叶螟测报技术规范

GB/T 17980.2 农药田间药效试验准则（一）杀虫剂防治稻纵卷叶螟

3 术语和定义

下列术语和定义适用于本文件。

3.1 稻纵卷叶螟 rice leaffolder

是一种为害水稻的害虫，学名：*Cnaphalocrocis medinalis* Guenée；异名：*Salbia medinalis* Guenée, 1854；*Botys nurscialis* Walker,1859，属昆虫纲 Insecta，鳞翅目 Lepidoptera，螟蛾科 Pyralidae。

3.2 防治指标 control threshold

指害虫种群达到经济损害允许水平时的虫口密度，此时需要采取防治措施。

3.3 发生期 occurrence period

指各虫态发生的时期，可划分为始见期、始盛期（突增期）、高峰期、盛末期、终见期。害虫种群量出现20％时为始盛期，50％为高峰期，80％为盛末期。

3.4 发生量 population density

指田间害虫的种群密度。

3.5 防治适期 optimal time for control

田间害虫种群发展过程中，对采取的防治措施最为敏感或预期效果最好的时期。

3.6 卷叶 folded leaf

为稻纵卷叶螟幼虫为害水稻叶片形成的叶片包卷形态，也称虫苞，1龄～2龄幼虫为害水稻叶片形成的叶尖包卷形态又称束尖。

4 防治原则

贯彻"预防为主，综合防治"的植保方针，以保护稻田生态环境，发挥自然因素控害作用为基础；水稻分蘖期充分发挥植株的补偿作用，孕穗期至穗期以保护功能叶为防治重点，优先采用农业防治、生物防治和物理防治措施，必要时选用高效、低毒、低残留农药，将稻纵卷叶螟危害控制在经济允许水平之下。

5 防治技术

5.1 农业防治

5.1.1 合理肥水管理

避免偏施氮肥，促进氮磷钾平衡，施足基肥，巧施追肥，减少无效分蘖，防止植株贪青。分蘖期适时烤田控苗壮苗。

5.1.2 因地制宜选用抗虫品种。

5.2 昆虫性信息素诱杀

于稻纵卷叶螟蛾始见期至蛾盛末期，田间设置稻纵卷叶螟性信息素干式飞蛾诱捕器，诱杀雄蛾。性信息素应采取连片均匀放置，或外围密、内圈稀的方式放置。每667m² 设置1套诱捕器，诱捕器下端低于稻株顶部10cm～20cm，苗期距地面50cm，并随植株生长进行调整。1个诱捕器内安装1枚诱芯，诱芯每4周～6周更换1次。诱捕器重复使用。诱捕器内的死虫应及时清理。

5.3 生物防治

5.3.1 保护和利用自然天敌

田边和田埂保留杂草和开花植物，田埂种植芝麻、大豆等蜜源植物，促进自然天敌种群增殖。开展药剂防治时，应选择对稻纵卷叶螟幼虫高效但对天敌毒性低的品种，保护天敌。

5.3.2 人工释放稻螟赤眼蜂

根据虫情监测结果，于稻纵卷叶螟迁入代蛾高峰期开始释放稻螟赤眼蜂（*Trichogramma japonicum* Ashmead）。每代放蜂2次～3次，间隔3d～5d，每667m²每次放蜂10 000头。每667m²均匀设置6个～8个放蜂点，两点间隔8m～10m。蜂卡置于放蜂器内或倒扣的纸杯中，悬挂在木棍或竹竿上插入田间，或挂在植株顶端叶片上，避免阳光直接照射蜂卡。蜂卡设置的高度应与植株顶部相齐，或高于顶部5cm～10cm，并随植株生长进行调整。高温季节蜂卡应置于叶冠层下，以延长赤眼蜂寿命。避免大雨天气放蜂。

5.3.3 微生物源药剂防治

稻纵卷叶螟卵孵化盛期，选用16 000IU/mg苏云金杆菌(*Bacillus thuringiensis*，简称Bt)可湿性粉剂或悬浮剂1 500g/hm²～2 250g/hm²，或400亿孢子/g球孢白僵菌（*Beauveria bassiana*）水分散粒剂390g/hm²～525g/hm²，对水450L～675L，均匀喷雾。

5.4 化学防治

5.4.1 防治策略

水稻移栽后30d内避免使用化学农药，促进天敌增长，充分发挥天敌对害虫种群量的控制作用。只有当虫口密度达到或超过防治指标而天敌难以控制害虫种群数量时才可用药，不应盲目用药。优先选用高效、低毒、低残留、对环境影响小、对天敌安全的药剂品种，不应使用国家禁用的和拟除虫菊酯类农药品种，所选药剂应符合GB 4285和GB/T 8321.1～8321.9的规定。当稻纵卷叶螟发生量大、发生期不整齐需多次用药时，应轮换、交替使用农药。

5.4.2 防治指标

在采用农业、生物和物理防治后应密切关注虫口密度变化，密度超过防治指标时应采取药剂防治，防治指标见表1。

表1　稻纵卷叶螟药剂防治指标

水稻生育期	束尖或新虫苞，个/百丛	1龄～3龄幼虫量，头/百丛
分蘖期	150	150
孕穗至抽穗期	60	60
注：束尖（新虫苞）或幼虫量达到两者之一。		

5.4.3 防治药剂及方法

于稻纵卷叶螟卵孵化高峰期至1龄～3龄幼虫高峰期，选用20%氯虫苯甲酰胺悬浮剂75g/hm² ～ 150g/hm²，或48%多杀霉素悬浮剂90g/hm² ～ 150g/hm²，或22%氰氟虫腙悬浮剂490g/hm² ～ 818g/hm²，对水450L ～ 675L，均匀喷雾。当应急防治时，可选用40%丙溴磷乳油1 200g/hm² ～ 1 500g/hm²。

5.5 防治效果评价

防治效果调查取样方法可按GB/T 15793的规定执行，药效评价方法可按GB/T 17980.2的规定执行。防治区和非防治区（对照田）应设3次以上重复，施药前调查基数，施药后当代为害稳定后调查防治效果。每区随机5点取样，每点查10丛水稻，记载调查总丛数、株数、叶片数、卷叶数（穗期查植株上部3片叶片的叶片数、卷叶数）或活虫数，计算卷叶率或幼虫死亡率，评价保叶效果或杀虫效果。

5.5.1 卷叶率

按式（1）计算：

$$F = \frac{L_f}{L_t} \times 100 \quad \cdots\cdots\cdots\cdots\cdots\cdots\cdots\cdots\cdots (1)$$

式中：F——卷叶率，单位为百分率（%）；

L_f——卷叶数；

L_t——调查总叶数。

5.5.2 幼虫死亡率

按式（2）计算：

$$M = \left(1 - \frac{N_s}{N_t}\right) \times 100 \quad \cdots\cdots\cdots\cdots\cdots\cdots (2)$$

式中：M——幼虫死亡率，单位为百分率（%）；

N_s——剥查活虫数；

N_t——剥查总虫数。

5.5.3 保叶效果

按式（3）计算：

$$P_f = \frac{F_{ck} - F_t}{F_{ck}} \times 100 \quad \cdots\cdots\cdots\cdots\cdots\cdots (3)$$

式中：P_f——保叶效果，单位为百分率（%）；

F_{ck}——对照区卷叶率，单位为百分率（%）；

F_t——防治区卷叶率，单位为百分率（%）。

5.5.4 杀虫效果

按式（4）计算：

$$P_m = \frac{M_t - M_{ck}}{M_t} \times 100 \quad \cdots\cdots\cdots\cdots\cdots\cdots (4)$$

式中：P_m——杀虫效果，单位为百分率（%）；

M_t——防治区幼虫死亡率，单位为百分率（%）；

M_{ck}——对照区幼虫死亡率，单位为百分率（%）。

附录3 GB/T 17980.2—2000 农药田间药效试验准则（一）杀虫剂防治稻纵卷叶螟

1 范围

本标准规定了杀虫剂防治稻纵卷叶螟(*Cnaphalocrocis medinalis*)田间药效小区试验的方法和基本要求。

本标准适用于杀虫剂防治水稻纵卷叶螟和其他水稻卷叶虫的登记用田间药效小区试验及药效评价。其他田间药效试验参照本标准执行。

2 试验条件

2.1 试验对象和作物、品种的选择

试验对象为水稻纵卷叶螟和其他水稻卷叶虫。

试验作物为水稻，可选用敏感品系的水稻品种。记录品种名称。

2.2 环境条件

所有试验小区的栽培条件(土壤类型、肥料、耕作、株行距、水深)须均匀一致，且符合当地科学的农业实践(GAP)。

3 试验设计和安排

3.1 药剂

3.1.1 试验药剂

注明药剂的商品名/代号、中文名、通用名、剂型含量和生产厂家。试验药剂处理不少于三个剂量或依据协议(试验委托方与试验承担方签订的试验协议)规定的用药剂量。

3.1.2 对照药剂

对照药剂须是已登记注册的并在实践中证明有较好药效的产品。对照药剂的类型和作用方式应同试验药剂相近并使用当地常

用剂量，特殊情况可视试验目的而定。

3.2 小区安排

3.2.1 小区排列

试验药剂、对照药剂和空白对照的小区处理一般随机区组排列，特殊情况须加以说明。

3.2.2 小区面积和重复

小区面积：$15 \sim 50m^2$。

重复次数：最少 4 次重复。

3.3 施药方法

3.3.1 使用方法

按协议要求及标签说明进行。施药应与当地科学的农业实践相适应。

3.3.2 使用器械

选用生产常用的器械，记录所使用器械类型和操作条件(操作压力、喷孔口径)的全部资料。施药应保证药量准确、分布均匀。用药量偏差超过 ±10% 要记录。

3.3.3 施药时间和次数

按协议要求及标签说明进行。通常在水稻分蘖期、稻纵卷叶螟卵高峰期或三龄前幼虫期施药。记录施药次数与日期。

3.3.4 使用剂量和容量

按协议要求及标签注明的剂量施药。通常药剂中有效成分含量表示为 g/hm^2（克/公顷）。用于喷雾时，同时要记录用药倍数和每公顷的药液用量［L/hm^2（升/公顷）］。

3.3.5 防治其他病虫害的农药资料要求

如使用其他药剂，应选择对试验药剂和试验对象无影响的药剂，并对所有的小区进行均一处理，而且要与试验药剂和对照药剂分开使用，使这些药剂的干扰控制在最小程度。记录这类药剂施用的准确数据。

4 调查、记录和测量方法

4.1 气象和土壤资料

4.1.1 气象资料

　　试验期间，应从试验地或最近的气象站获得降雨(降雨类型、日降雨量以mm表示)和温度(日平均温度、最高和最低温度，以℃表示)的资料。

　　整个试验期间影响试验结果的恶劣气候因素，如严重或长期干旱、暴雨、冰雹等均须记录。

4.1.2 土壤资料

　　记录水层深度、土壤类型、土壤肥力、作物产量水平、杂草和藻类覆盖等资料。

4.2 调查方法、时间和次数

4.2.1 调查方法

　　每小区五点取样共查25丛稻，统计卷叶率，与对照区卷叶率比较，计算相对防效，同时调查卷叶内有虫率。

4.2.2 调查时间和次数

　　处理前进行基数调查。当空白对照受害明显或当代为害定型后进行药效调查。

4.2.3 药效计算方法

　　药效按式(1)、式(2)计算:

$$\text{卷叶率} = \frac{\text{调查卷叶数}}{\text{调查总叶数}} \times 100\% \quad \cdots\cdots\cdots\cdots\cdots(1)$$

$$\text{防治效果} = \frac{CK - PT}{CK} \times 100\% \quad \cdots\cdots\cdots\cdots(2)$$

　　式中:CK——空白对照区药后卷叶率;

　　　　　PT——药剂处理区药后卷叶率。

4.3 对作物的直接影响

　　观察药剂对作物有无药害，记录药害的类型和程度。此外，还要记录对作物有益的影响(如加速成熟、增加活力等)。

用下列方式记录药害：

a）如果药害能被测量或计算，要用绝对数值表示，如株高。

b）在其他情况下，可按下列两种方法估计药害的程度和频率；

1）按照药害分级方法记录每小区药害情况，以－、+、++、+++、++++表示。

药害分级方法：

－：无药害；

+：轻度药害，不影响作物正常生长；

++：中度药害，可复原，不会造成作物减产；

+++：重度药害，影响作物正常生长，对作物产量和质量造成一定程度的损失；

++++：严重药害，作物生长受阻，作物产量和质量损失严重。

2）将药剂处理区与空白对照区比较，评价其药害百分率。

同时，要准确描述作物的药害症状（矮化、褪绿、畸形等）。

4.4 对其他生物的影响

4.4.1 对其他病虫害的影响

对其他病虫害的任何一种影响均应记录，包括有益和无益的影响。

4.4.2 对其他非靶标生物的影响

记录药剂对野生生物、鱼和有益节肢动物的任何影响。

4.5 产品的质量和产量

如协议需要测定，以 kg/hm^2（千克/公顷）为单位记录每小区的产量。如果试验中较早地开沟或开路，则每小区的两边行或边缘30～40cm处的稻谷不包括在净小区面积的产量内，并以千粒重作为产量的附加资料。

5 结果

用邓肯氏新复极差（DMRT）法对试验数据进行分析，特殊情况用相应的生物统计学方法。写出正式试验报告，并对试验结果加以分析、评价。药效试验报告应列出原始数据。

附录4 稻田释放赤眼蜂防治稻纵卷叶螟技术规程（浙江省地方标准建议稿）

1 范围

本标准规定了稻田释放稻螟赤眼蜂（*Trichogramma japonicum*）、螟黄赤眼蜂（*T. chilonis*）和松毛虫赤眼蜂（*T. dendrolimi*）防治稻纵卷叶螟（*Cnaphalocrocis medinalis*）的蜂种选择、释放蜂量、释放适期、释放密度及释放次数、释放方法和注意事项等。

本标准适用于稻田释放赤眼蜂防治稻纵卷叶螟，其他区域可参照执行。

2 规范性引用文件

下列文件对于本文件的应用是必不可少的。凡是注日期的引用文件，仅所注日期的版本适用于本文件。凡是不注日期的引用文件，其最新版本（包括所有的修改单）适用于本文件。

GB/T15793-2011　稻纵卷叶螟测报技术规范

NY/T 2737.1-2015　稻纵卷叶螟和稻飞虱防治技术规程　第1部分：稻纵卷叶螟

3 术语和定义

下列术语和定义适用于本标准。

3.1 赤眼蜂 Trichogramma

属昆虫纲（Insecta）、膜翅目（Hymenoptera）、赤眼蜂科（Trichogrammatidae）的卵寄生性昆虫，本标准所指赤眼蜂种群包括稻螟赤眼蜂（*Trichogramma japonicum*）、螟黄赤眼蜂（*T. chilonis*）和松毛虫赤眼蜂（*T. dendrolimi*），可寄生稻纵卷叶螟、二化螟等多种农林鳞翅目害虫的卵。

3.2 稻纵卷叶螟 Rice leaf folder

属昆虫纲insecta、鳞翅目Lepidoptera、草螟科Crambidae，本标准中仅指稻田的迁飞性害虫稻纵卷叶螟（*Cnaphalocrocis medinalis*），不包括非迁飞性的稻显纹纵卷叶螟（*Marasmia exigua*）。

3.3 蜂种 Original resouce of Trichogramma

从自然界采集的用于人工大量繁殖的赤眼蜂。

3.4 蜂卡 Paper card attached with rice moth eggs parasitized by Trichogramma

将赤眼蜂产卵寄生后发育到某一阶段的米蛾卵或柞蚕蛾剖腹卵，用无毒胶粘在规定面积的软纸或硬纸上，制成一定面积的卡片，用于田间释放。

3.5 释放器 Releaser

用于装一定量的赤眼蜂蜂卡或已寄生的米蛾卵、柞蚕蛾剖腹卵卵粒的小型包装，可在田间悬挂于稻株、竹竿、木棍上，羽化的赤眼蜂可通过其上的小孔飞出。

3.6 蜜源植物 Nectar plant

可以为天敌尤其是寄生性天敌提供花粉、花蜜或花外蜜源的植物种类，主要指花粉、花蜜等自然蜜源丰富且能被天敌获取的显花植物。

4 蜂卡

4.1 蜂种选择

优先选择稻螟赤眼蜂用于人工释放，其次可选择螟黄赤眼蜂和松毛虫赤眼蜂。地理种群优先选择本地的土著种群。

4.2 蜂卡质量

商品化的蜂卡产品质量分级标准见附录A。赤眼蜂释放前应进行室内出蜂率检测。检测方法：在常温条件下，取5 000个卵粒或5张蜂卡，待蜂全部羽化后，考察未羽化的蜂数。计算该批蜂卡的羽化出壳率。当羽化出壳率在60％以下时，蜂卡质量不合格，不得用于田间释放。

4.3　蜂卡包装运输

蜂卡或释放器直立装入带瓦楞纸（使蜂卡之间保持一定距离，以利于通风）的包装箱内，运输时不与有毒、有异味的货物混装，要求通风，严禁重压、日晒和雨淋。运输时保证环境温度在 5 ~ 27℃，有条件的可以使用冷藏车，或采用装有冰袋等降温措施的保温箱低温运输。

4.4　蜂卡的存储

长途运输或从冷藏室取出备用的蜂卡，应在24h之内释放到稻田。暂时不释放的蜂卡，可临时储存于 2 ~ 4℃的冷藏室内，释放前24h取出，置于常温下。

5　释放方法

5.1　释放适期

根据稻纵卷叶螟虫情监测结果，从稻纵卷叶螟迁入代开始，于每代次的稻纵卷叶螟成虫高峰期至卵孵化末期释放赤眼蜂。

5.2　释放蜂量及释放次数

每次放蜂15万头/hm²，每代稻纵卷叶螟一般释放3次，可根据虫情减少1次或增加1 ~ 2次。第一次释放后间隔3d释放第二次，之后每隔5d释放1次。

5.3　释放密度

每公顷均匀设置75 ~ 120个放蜂点，约每10m设置1个放蜂点。

5.4　放蜂方法

5.4.1　放置方法

将蜂卡粘贴在倒扣的纸杯内壁上，纸杯用细线或绳悬挂在木棍或竹竿上，插入田间。释放器可直接悬挂在稻株、木棍、竹竿上。蜂卡或释放器应避免阳光直接照射。

5.4.2　蜂卡挂放位置

蜂卡挂放的高度与水稻叶冠层齐平，并随植株生长进行调整。高温季节蜂卡应置于叶冠层下5 ~ 10cm，以提高赤眼蜂出蜂率。

5.4.3 释放时间

清晨5～7时或傍晚16～18时为最佳放蜂时间。避免大雨天气时放蜂。

5.5 注意事项

5.5.1 放蜂期间避免使用对赤眼蜂具有毒性风险的农药，对赤眼蜂相对安全的生物农药如苏云金芽孢杆菌等微生物制剂仍可使用。

5.5.2 放蜂时要严格按照技术要求，释放面积要大，地块集中连片。

5.5.3 有条件的稻田可以在田埂上种植芝麻、酢酱草等蜜源植物，提高寄生效果。

6. 释放效果评价

6.1 寄生率调查和计算方法

放蜂当日，在放蜂田及对照田随机选取50粒当天产下的稻纵卷叶螟卵，并用油性彩笔画圈标记，于放蜂3～4d采回室内，在未寄生卵开始孵化时观察统计赤眼蜂的寄生率。通常在采回室内后的第二至第三天，被寄生卵开始变黑，未寄生卵不变黑或孵出幼虫。待被寄生卵全部变黑时，统计赤眼蜂的实际寄生效果。如果实际寄生率达到50%～60%，则可不必对幼虫进行防治。

6.1.1 寄生率

按式（1）计算。

$$P = \frac{E_p}{E_t} \times 100\% \quad\cdots\cdots\cdots\cdots\cdots\cdots\cdots\cdots\cdots\cdots (1)$$

式中：P —— 寄生率，单位为百分率（%）；

E_p —— 被寄生卵数；

E_t —— 调查总卵数；

6.1.2 实际寄生率

按式（2）计算。

$$F = \frac{P_t - P_{ck}}{1 - P_{ck}} \times 100\% \quad\cdots\cdots\cdots\cdots\cdots (2)$$

式中：F —— 实际寄生率，单位为百分率（%）；

P_{ck}—— 对照田寄生率；

P_t—— 放蜂田寄生率。

6.2 保叶效果和虫口减退率调查和计算方法

释放赤眼蜂的保叶效果和虫口减退率的调查和计算方法可参照《NY/T 2737.1 稻纵卷叶螟和稻飞虱防治技术规程 第1部分：稻纵卷叶螟》。

附录A 赤眼蜂蜂卡产品质量分级标准

	一级	二级	三级	不合格
寄生率（%）	90 ~ 100	80 ~ 90	70 ~ 80	70以下
羽化出壳率（%）	80 ~ 100	70 ~ 80	60 ~ 70	60以下
雌蜂遗留蜂率（%）	0 ~ 5	5 ~ 10	8 ~ 15	15以下
畸形蜂（%）	0 ~ 3	3 ~ 5	5 ~ 8	8以下
感病卵率（%）	0 ~ 2	2 ~ 5	5 ~ 10	10以下
性比（♀%）	90以上	85 ~ 90	80 ~ 85	80以下

附录5 稻显纹纵卷叶螟生物学特性

寄主植物和地理分布：稻显纹纵卷叶螟除为害水稻外，还为害稗草、游草等禾本科杂草。据接虫观察，在游草上可完成年生活史。稻显纹纵卷叶螟国外分布在日本、关岛、婆罗州、斐济、新几内亚、新不列颠和大洋洲等地，国内已知发生在四川、广西、广东和云南等省份。四川除盆地边缘山区外，盆地内各地均有发生，常年以川东南浅丘河谷区和川西平原浅丘区发生为害较重。

越冬：稻显纹纵卷叶螟以第四代（部分）和第五代幼虫的越冬处有：冬作田、绿肥田和冬闲田的稻桩叶鞘内侧和空秆中，残留稻株、落谷秧、再生稻的叶鞘内侧和卷苞中，稻草叶鞘内侧和卷苞中，以及沟边、塘边的游草卷苞中等场所。稻显纹纵卷叶螟未见有迁飞特性的报道。

为害特性：稻显纹纵卷叶螟成虫栖息选择茂密荫蔽的稻田，产卵选择生长嫩绿的田块。卵位于叶背中上部，成组2~4排平行于中线，每组常3粒卵，也有一组6~8粒的。很少单

附图5-1 稻桩枯叶中越冬后
稻显纹纵卷叶螟蛹

产。常位于顶叶上部，常见于最高最绿的叶片上。成虫多于19~23时羽化，交配多在羽化后的次日3~7时进行，雌雄蛾一次交配历时35min至1h 39min，平均56min。产卵前期一般为2~3d，产卵历期一般为3~4d，2~5时为产卵高峰期。大多以开始产卵日产卵最多，占30.7%~51.0%，以后逐日减少。适温高湿则产卵量大，高温干燥或温度偏低则产卵量小。

　　卷叶特性：稻显纹纵卷叶螟初孵幼虫大多群集于心叶或叶节等处栖息取食。一龄后期，在心叶内吐丝黏连卷缝，或在幼嫩叶片中下部吐丝卷裹叶片一边作小苞，以后卷苞逐渐向上扩大缀合叶片两边，最后直达叶尖，卷苞多呈扭曲状。低龄期多数数虫一苞，四、五龄进入暴食期后若食料不够即转苞分散，一虫一苞；但若被害叶宽大，食料充足，则不转苞分散，到化蛹时仍是一苞数虫。卷苞紧密，端口封闭，且排泄大量粪便堵塞。1头幼虫平均为害1.4～1.7片叶。卷叶开始后从上往下进行，每卷1个苞42～60min。卷叶丝线紧密，相互间隔5～8mm，幼虫位于卷苞上半部。

　　耕作制度对稻显纹纵卷叶螟的影响：稻田栽培制度也同样决定着稻显纹纵卷叶螟各代的食料条件。第一代和第二代发生在早、中稻上，稻苗嫩绿，利于增殖。第三代至第五代发生在迟中稻和晚稻上，该稻型的有无和面积的大小决定其发生程度。若为单纯一季中稻，则迫使第三代以后转移到杂草上，发生量则大减；若双季晚稻面积大，食料条件好，有利于虫量的增加。如川西平原稻区，20世纪70年代前期改一季中稻为单、双季稻混栽，双季稻面积大幅度扩大，造成1974—1976年该虫大发生。近年来又恢复一季中稻制发生程度显著下降。川东南稻区历年单、双季稻混栽，自3月下旬至11月中旬各稻型接连不断，给各代增殖提供了充足的食料条件，使之常年发生程度较重。

　　稻显纹纵卷叶螟成虫的产卵、初孵幼虫的成活与水稻生育期有明显的关系。一般水稻生长前期，稻株嫩绿，落卵量大，低龄幼虫成活率高。田间调查表明，从水稻分蘖至抽穗期，幼虫密度和低龄幼虫比例随着水稻的发育不断减少。1979年从幼虫孵化到化蛹，以分蘖、拔节、孕穗、抽穗和乳熟等发育阶段叶片饲养，结果成活率随着水稻的发育依13.9%、13.1%、4.1%、2.8%和0.0%之序不断降低，而蛹体重则依10.7mg、1.6mg、11.8mg和12.1mg之序不断增大。分蘖至拔节期利于幼虫的成活，孕穗、抽穗期利于其发育和繁殖。

附录6 稻纵卷叶螟虫源采集与人工饲养方法

1 稻纵卷叶螟虫源采集

在所要监测的地区，选取具有代表性的稻田3～5块，例如：稻纵卷叶螟发生较重的田块、施药频繁的田块以及耕作制度具有特殊性的田块等。对每个田块进行随机5点采样。

采集稻纵卷叶螟，不同的虫态采集的方法不同。对于卵的采集，雷妍圆等（2008）分别比较了4种方法：玻璃产卵箱、木框纱网罩、塑料袋和简易产卵装置。其中简易产卵装置的效果较好，单雌产卵量达45.35粒，采卵率97.33%。郑许松等（2010）也比较了卵不同收集方法。烧杯+湿纱布采卵法获得的稻纵卷叶螟单雌产卵量比其他采卵方法提高了80%～90%，雌雄成虫寿命延长了1.69～2.33d。烧杯+湿纱布采卵法的稻纵卷叶螟成虫均将卵产在纱布上，几乎不在烧杯壁和滤纸上产卵，采卵率高且操作方便。

幼虫或蛹的采集方法是利用剪刀剪卷叶，每田块采500头以上。成虫的采集可选择白天利用扫网法捕捉或夜晚利用灯光诱集，每田块采集至少200头以上成虫。采集的成虫在室内饲养，幼虫供抗药性监测使用。

2 稻纵卷叶螟人工饲养方法

稻纵卷叶螟的人工饲养技术自20世纪就有很多探索，其中国外学者研究进展较快。日本学者先后以稻苗、玉米苗及人工饲料饲养稻纵卷叶螟。近年来，国内多位学者对稻纵卷叶螟的人工饲养技术进行了研究。利用尼龙网室在田间大量繁殖稻纵卷叶螟：①在田间建立40m×8m×3m（长×宽×高）的尼龙网室，把尼龙网室横向分割成相互独立的4个部分，每隔25～30d分期在被独立分割的部分内分批连续播种或移栽水稻；②正常田间管理；③在水稻分蘖盛期在第一隔离部分接入稻纵卷叶螟成虫，最后保留10%～20%的高龄幼虫或蛹供在隔离的第一部分内自然繁殖；④在成虫盛发期打开与第一隔离部分相邻的第二隔离尼龙网，以保持网室内稻纵卷叶螟种群的延续（吕仲贤等，2010）。这样可以连续生产大量并且处于同一龄期的幼虫供实验之用。廖怀建等（2012）在国内建立了利用玉米苗饲养稻纵卷叶螟的方法，Xu et al.（2012）设计了稻纵卷叶螟的人工饲料配方，饲养稻纵卷叶螟存活率为22%。稻纵卷叶螟对不同人工饲料中氮和糖的营养需求分析和水稻叶片全营养成分分析有利于稻纵卷叶螟饲料的优化。王业成等（2013）对稻纵卷叶螟人工饲料进行了优化，25.6%的供试初孵幼虫能完成幼虫发育并化蛹，幼虫期平均26.9d，蛹重16～22mg。

2.1 幼虫人工饲养

人工饲料饲养方法：大田采集的幼虫在室内利用人工饲料饲养。人工饲料配方参考李传明等（2011），具体方法如下：以稻叶粉为诱食剂，各组分如下：干酪素2.5份、葡萄糖1.5份、蔗糖1.5份、麦胚粉4.5份、复合维生素B 0.01份、维生素C 0.2份、维生素E 0.01份、琼脂2份、水稻叶干粉3份、4mol/L氢氧化钾0.2份、山梨酸0.1份、尼泊金0.1份、水100份。按上述配方将相应材料称好，将琼脂放入适量的水中，加热使其充分溶化，加入除维生素外的所有组分，搅拌均匀，煮沸1～2min，待冷却至65℃左右时

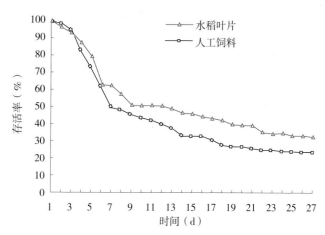

附图6-1 室内条件下取食两种食料的稻纵卷叶螟幼虫存活率曲线
（Xu et al.，2012）

加入维生素并搅拌均匀，待饲料凝固后放入冰箱（3～5℃）冷藏待用。将人工饲料切成2～3mm薄片，放入直径9cm的培养皿底部，每皿接入20头初孵幼虫，视幼虫取食及饲料失水情况每3～5d更换1次饲料，每天观察幼虫生长发育情况。化蛹时期，将折成许多细褶的蜡纸盖在饲料上，供老熟幼虫缀苞化蛹。

离体稻叶饲养方法：将大田采集的幼虫利用离体稻叶饲养。具体方法如下：截取5cm左右新鲜叶片20段，两端用湿棉球保湿，置于直径9cm的培养皿中，接入约20头初孵幼虫，隔天更换新鲜叶片直至化蛹。

附表6-1 人工饲料与水稻叶片两种饲养方法稻纵卷叶螟各阶段存活率及种群趋势指数

（Xu et al.，2012）

	存活率			种群趋势指数
	卵	幼虫	蛹	
水稻叶片	0.76 ± 0.029	0.33 ± 0.008	0.89	4.23
人工饲料	0.73 ± 0.019	0.23 ± 0.007	0.91	3.26
t测验值	0.80	7.69**		

附图6-2 人工饲料饲养稻纵卷叶螟
（徐健提供）

2.2 成虫人工饲养

采集的成虫置于产卵笼（罐）内，饲以10％蜂蜜水，稻纵卷叶螟卵产在湿纱布上，每日更换产有卵的纱布。纱布保湿，待卵孵化。孵化后的幼虫用玉米叶片或者水稻叶片或者人工饲料饲养。

　　饲养条件：所有采集的虫源均在人工气候室中饲养，温度保持在（26±1）℃，相对湿度在80％左右。光周期为16h∶8h（L∶D）下光照，以免幼虫逃逸。

附图6-3　玉米苗饲养稻纵卷叶螟

附录7　稻纵卷叶螟天敌

稻纵卷叶螟天敌种类丰富，对稻纵卷叶螟具有重要的控制作用。事实上，在自然天敌控制作用下，稻纵卷叶螟种群可以维持在相对平衡的水平。Litsinger et al.（1987）调查了几种环境下的稻纵卷叶螟寄生率，其中旱地9%～13%，雨养田5%～61%，灌溉田7%～33%，其中多数寄生性天敌属膜翅目，有12科91种（其中27个鉴定到属）。双翅目的寄生性天敌很少，共有3科14种。在中国，膜翅目的纵卷叶螟绒茧蜂（*Apanteles cypris*）、螟蛉绒茧蜂（*Apanteles ruficrus*）、扁股小蜂（*Elasmus* sp.）、稻螟赤眼蜂（*Trichogramma japonicum*）、螟蛉瘤姬蜂（*Itoplectis naranyae*）和双翅目的稻苞虫赛寄蝇（*Pseudoperichaeta nigrolinae*）被认为是最重要的寄生性天敌（农业部全国植物保护总站等，1991；程家安，1996）。

水稻生长早期应用杀虫剂防治稻纵卷叶螟未必对农户经济有利（Way and Heong，1994；Heong and Schoenly，1998）。天敌杀伤破坏生态链有利于一些水稻害虫种类种群数量的上升（如稻飞虱），而导致害虫再猖獗的问题（Chellian and Velusamy，1985；Wu et al.，1986；Nadarajan and Skaria，1988；Panda and Shi，1989）。若这些杀虫剂可以避免使用，则稻田生态系统自身的生物控害功能得到发挥，系统处于良性循环（Tait，1987）。天敌保护生物学策略已研究多年并应用于许多作物系统中（Landis et al.，2000），在保护生物学基础上Gurr et al.（2004）提出"生态工程"策略，并开始应用于水稻害虫的生态控制。本章罗列了稻纵卷叶螟膜翅目和双翅目的天敌（附表7-1和7-2），并介绍我国稻纵卷叶螟及其常见天敌的形态、习性、分布，以期在生产实践中加以保护和利用。

附表7-1　亚洲报道的稻纵卷叶螟的膜翅目寄生蜂
（Gurr et al., 2011）

分类信息	地　点	参考文献
Braconidae　茧蜂科		
Aleiodes coxalis　眼蝶脊茧蜂	中国	何俊华等（2000）
Apanteles angaleti　安氏绒茧蜂	印度	Randhawa et al.（2006）
Cotesia angustibasis　纵卷叶螟盘绒茧蜂	中国（江苏）	张孝羲等（1981）
	印度	Pati and Mathur（1982），Randhawa et al.（2006）
	马来西亚(半岛)	van Vreden and Ahmadzabidi（1986）
	菲律宾	Ooi and Shepard（1994）
	越南	Lam（1996，2000，2002）
Apanteles cypris　卷叶螟绒茧蜂	中国	Chou（1981），张孝羲等（1981），程忠方等（1984），农业部全国植物保护总站等（1991），费惠新等（1992），章玉苹和黄炳球（2000）
	印度	Randhawa et al.（2006）
	马来西亚	van Vreden and Ahmadzabidi（1986）
	越南	Lam（1996，2000，2002），Dung（2006）
Cotesia flavipes　螟黄足盘绒茧蜂	中国（江苏）	张孝羲等（1981）
	印度	Randhawa et al.（2006）
Apanteles opacus　棉大卷叶螟绒茧蜂	印度	Randhawa et al.（2006）
	马来西亚(半岛)	van Vreden and Ahmadzabidi（1986）
Cotesia ruficrus　螟蛉盘绒茧蜂	中国	张孝羲等（1981），农业部全国植物保护总站等（1991）
	印度	Randhawa et al.（2006）
	越南	Dung（2006）
Apanteles sp.　绒茧蜂属的一种	中国	农业部全国植物保护总站等（1991）
Synonymous with *Cotesia* sp.　盘绒茧蜂属的一种	印度（马杜赖地区）	Pati and Mathur（1982），Rani et al.（2007）
	菲律宾	Barrion et al.（1991），de Kraker（1996），de Kraker et al.（1999a）

（续）

分类信息	地　点	参考文献
Aulacocentrum philippinensis 菲岛腔室茧蜂	中国 印度、日本、菲律宾	农业部全国植物保护总站等（1991） 何俊华等（2000）
Bracon gelechiae 茧蜂属的一种	印度	Randhawa et al.（2006）
Bracon hebetor 麦蛾茧蜂	印度	Randhawa et al.（2006）
Bracon ricinicola 茧蜂属的一种	印度	Randhawa et al.（2006）
Bracon sp. 茧蜂属的一种	中国 菲律宾 越南	农业部全国植物保护总站等（1991） Barrion et al.（1991） Lam（2000，2002）
Cardiochiles fuscipennis 纵卷叶螟黑折脉茧蜂	中国（浙江）	马云等（2002）
Cardiochiles laevifossa 滑沟折脉茧蜂	中国（台湾）	Chou（1981）
Cardiochiles philippinensis 横带折脉茧蜂	中国（浙江） 印度 菲律宾	马云等（2002） Randhawa et al.（2006），Rani et al.（2007） Barrion et al.（1991），Ooi and Shepard（1994），de Kraker et al.（1999a）
Cardiochiles sp. 折脉茧蜂属的一种	中国 马来西亚（半岛） 越南	农业部全国植物保护总站等（1991） van Vreden and Ahmadzabidi（1986） Lam（1996，2000，2002）
Cedria sp. 稻纵卷叶螟守子蜂	中国	农业部全国植物保护总站等（1991）
Chelonus munakatae 螟甲腹茧蜂	菲律宾 印度	Barrion et al.（1991） Randhawa et al.（2006）
Exoryza schoenobii 三化螟绒茧蜂	越南	Lam and Thanh（1989），Lam（1996，2000，2002）
Habrobracon sp. 稻螟黑茧蜂	中国 印度	农业部全国植物保护总站等（1991） Pati and Mathur（1982）
Hormius sp. 纵卷叶螟索翅茧蜂	中国	农业部全国植物保护总站等（1991）

（续）

分类信息	地　点	参考文献
Kriechbaumerella sp. 凸腿小蜂属的一种	印度	Pati and Mathur（1982）
Macrocentrus cnaphalocrocis 稻纵卷叶螟长体茧蜂	中国 越南	何俊华等（2000） Lam（1996，2000，2002）
Macrocentrus philippinensis 菲岛长距茧蜂	印度 菲律宾	Shankarganesh and Khan（2006），Rani et al.（2007） Barrion et al.（1991），de Kraker et al.（1999a）
Macrocentrus sp. 纵卷叶螟长体茧蜂属	中国	农业部全国植物保护总站等（1991）
Meteorus bacoorensis 悬茧蜂属的一种	印度	Randhawa et al.（2006）
Microplitis sp. 侧沟茧蜂属的一种	中国	农业部全国植物保护总站等（1991）
Opius sp. 潜蝇茧蜂属的一种	菲律宾	Barrion et al.（1991）
Orgilus sp. 怒茧蜂属的一种	中国 菲律宾	农业部全国植物保护总站等（1991） Barrion et al.（1991）
Tropobracon schoenobii 三化螟茧蜂	菲律宾	Barrion et al.（1991）
Bethylidae 肿腿蜂科		
Goniozus hanoiensis 棱角肿腿蜂属的一种	越南	Lam（1996，2000，2002）
Goniozus indicus 棱角肿腿蜂属的一种	印度	Randhawa et al.（2006）
Goniozus nr. *triangulifer* 棱角肿腿蜂属的一种	菲律宾	Barrion et al.（1991），Ooi and Shepard（1994）
Goniozus triangulifer 棱角肿腿蜂属的一种	印度	Randhawa et al.（2006）
Goniozus sp. 棱角肿腿蜂属的一种	中国 印度（马杜赖地区） 菲律宾	农业部全国植物保护总站等（1991） Rani et al.（2007） de Kraker（1999a）

（续）

分类信息	地　点	参考文献
Ceraphronidae　分盾细蜂科		
Ceraphron manilae　菲岛黑蜂	中国	农业部全国植物保护总站等（1991）
Ceraphron sp.　鳌峰黄分盾细蜂	中国	农业部全国植物保护总站等（1991）
Aphanogmus fijiensis　隐分盾细蜂属的一种	越南	Lam（2000，2002）
Chalcididae　小蜂科		
Antrocephalus apicalis　陀蜂凹头小蜂	中国 越南	农业部全国植物保护总站等（1991） Lam（2000，2002）
Brachymeria excarinata　无脊大腿小蜂	中国 印度 马来西亚(半岛) 越南	张孝羲等（1981），农业部全国植物保护总站等（1991） Randhawa et al.（2006） van Vreden and Ahmadzabidi（1986） Lam（1996，2000，2002）
Brachymeria lasus　广大腿小蜂	中国 印度 越南	张孝羲等（1981），农业部全国植物保护总站等（1991） Bharati and Kushwaha（1988），Randhawa et al.（2006） Lam（1996，2000，2002）
Brachymeria tachardiae　大腿小蜂属的一种	印度	Randhawa et al.（2006）
Brachymeria sp. cf. *tarsalis*　大腿小蜂属的一种	马来西亚(半岛)	van Vreden and Ahmadzabidi（1986）
Brachymeria sp.　大腿小蜂属的一种	中国 印度 菲律宾 越南	农业部全国植物保护总站等（1991） Rani et al.（2007） Barrion et al.（1991） Lam（1996，2000，2002）
Dirhinus sp.　红腿角头小蜂	中国（广西）	农业部全国植物保护总站等（1991）
Trichospilus pupivora　突颜姬小蜂属的一种	印度	Randhawa et al.（2006）

（续）

分类信息	地　点	参考文献
Elasmidae　扁股小蜂科		
Elasmus anticles　杉梢卷蛾扁股小蜂	越南	Lam（2002）
Elasmus brevicornis　正短角扁股小蜂	印度	Randhawa et al.（2006）
Elasmus claripennis　扁股小蜂属的一种	印度 越南	Randhawa et al.（2006） Lam（1996，2000，2002）
Elasmus cnaphalocrocis　赤带扁股小蜂	中国	农业部全国植物保护总站等（1991）
Elasmus corbetti　白足扁股小蜂	中国	张孝羲等（1981），农业部全国植物保护总站等（1991）
Elasmus hyblaeae　松毛虫扁股小蜂	越南	Lam（2000，2002）
Elasmus philippinensis　菲岛扁股小蜂	马来西亚（半岛） 印度	Randhawa et al.（2006） van Vreden and Ahmadzabidi（1986）
Elasmus sp.　扁股小蜂属的一种	菲律宾 中国	Barrion et al.（1991），de Kraker（1996） 农业部全国植物保护总站等（1991）
Encyrtidae　跳小蜂科		
Copidosoma sp.　多胚跳小蜂属的一种	印度 越南	Randhawa et al.（2006） Dung（2006）
Copidosomopsis coni　锥角胚跳小蜂	越南	Lam（1996，2000，2002）
Copidosomopsis nacoleiae　螟克角胚跳小蜂	印度 菲律宾	Randhawa et al.（2006），Rani et al.（2007） Barrion et al.（1991），Ooi and Shepard（1994），and de Kraker et al.（1999a）
Eulophidae　姬小蜂科		
Dimmockia parnarae　稻苞虫羽角姬小蜂	中国	农业部全国植物保护总站等（1991）
Stenomesius macullatus　纵卷叶螟狭面姬小蜂	中国	农业部全国植物保护总站等（1991）

（续）

分类信息	地　点	参考文献
Stenomesius tabashii　螟蛉狭面姬小蜂	中国	农业部全国植物保护总站等（1991）
Stenomesius sp.　狭面姬小蜂属的一种	菲律宾	Barrion et al.（1991）
Tetrastichus ayyari　印啮小蜂	菲律宾	Ooi and Shepard（1994）
Tetrastichus howardi　霍氏啮小蜂	印度	Randhawa et al.（2006）
T. ayyari　印啮小蜂	菲律宾 越南	Barrion et al.（1991） Lam（2002）
Tetrastichus israelensis　以色列啮小蜂	印度	Randhawa et al.（2006）
Tetrastichus schoenobii　螟卵啮小蜂	菲律宾	Barrion et al.（1991）
Tetrastichus sp.　啮小蜂属的一种	菲律宾	de Kraker（1996）
Eurytomidae　广肩小蜂科		
Eurytoma sp.　广肩小蜂属的一种	中国（广西）	农业部全国植物保护总站等（1991）
Ichneumonidae　姬蜂科		
Acropimpla hapaliae　间条顶姬蜂	中国（四川、云南） 印度 缅甸	农业部全国植物保护总站等（1991） 何俊华等（1996） 何俊华等（1996）
Agrypan susukii　铃木阿格姬蜂	中国	农业部全国植物保护总站等（1991）
Agrypan sp.　铃木阿格姬蜂属的一种	中国	农业部全国植物保护总站等（1991）
Barylypa apicalis　肿跗姬蜂属的一种	印度	Randhawa et al.（2006）
Casinaria simillima　稻纵卷叶螟凹眼姬蜂	中国、印度、日本、韩国、马来西亚、斯里兰卡、泰国	何俊华等（1996）

（续）

分类信息	地 点	参考文献
Charops bicolor 螟蛉悬茧姬蜂	中国	张孝羲等（1981），农业部全国植物保护总站等（1991）
	印度、日本、韩国、马来西亚、斯里兰卡、泰国	何俊华等（1996）
Charops brachypterum 短翅悬茧姬蜂	中国	何俊华等（1996）
	菲律宾	Barrion et al.（1991）
Charops nigrita 悬茧姬蜂属的一种	菲律宾	Barrion et al.（1991）
Chorinacus facialis 稻纵卷叶螟黄脸姬蜂	中国	农业部全国植物保护总站等（1991）
Coccygomimus aethiops 满点黑瘤姬蜂	中国 日本、韩国	农业部全国植物保护总站等（1991） 何俊华等（1996）
Coccygomimus nipponicus 日本黑瘤姬蜂	中国	张孝羲等（1981），农业部全国植物保护总站等（1991）
	日本	何俊华等（1996）
Diatora lissonata 刺姬蜂属的一种	印度	Randhawa et al.（2006）
Eriborus argenteopilosus 钝唇姬蜂属的一种	印度	Randhawa et al.（2006）
Eriborus sinicus 中华钝唇姬蜂	中国 印度 菲律宾	农业部全国植物保护总站等（1991） Randhawa et al.（2006） Barrion et al.（1991）
Eriborus vulgaris 纵卷叶螟钝唇姬蜂	中国 印度、日本 越南	农业部全国植物保护总站等（1991） 何俊华等（1996） Lam（1996，2000，2002）
Gambroides sp. 强突双脊姬蜂	中国	农业部全国植物保护总站等（1991）
Gambrus ruficoxatus 红足亲姬蜂	中国 日本	农业部全国植物保护总站等（1991） 何俊华和马云（1996）

（续）

分类信息	地　点	参考文献
Goryphus basilaris 横带驼姬蜂	中国 越南 印度 印度尼西亚、日本、马来西亚、缅甸	农业部全国植物保护总站等（1991） Lam and Thanh（1989），Lam（1996，2000，2002） 何俊华和马云（1996）， 何俊华等（1996）
Ischnojoppa luteator 黑尾姬蜂属的一种	印度 菲律宾	Randhawa et al.（2006） Barrion et al.（1991）
Iseropus kuwanae 桑横聚瘤姬蜂	中国 日本	农业部全国植物保护总站等（1991） 何俊华等（1996）
Itoplectis narangae 螟蛉瘤姬蜂	中国 印度 菲律宾 越南 日本、韩国	张孝羲等（1981），农业部全国植物保护总站等（1991） Shepard et al.（2000） Barrion et al.（1991） Lam（1996，2000，2002） 何俊华等（1996）
Leptobatopsis indica 稻切叶螟细柄姬蜂	中国 印度 菲律宾、印度尼西亚、斯里兰卡	农业部全国植物保护总站等（1991） Randhawa et al.（2006） 何俊华等（1996）
Phaeogenes sp. 趋稻厚唇姬蜂	中国 越南	农业部全国植物保护总站等（1991） Lam（1996，2000，2002）
Stictopisthus chinensis 中华横脊姬蜂	越南	Lam（2000，2002）
Stictopisthus sp. 横脊姬蜂属的一种	菲律宾	Barrion et al.（1991）
Temelucha basimacula 抱缘姬蜂属的一种	印度	Randhawa et al.（2006）
Temelucha biguttula 螟黄抱缘姬蜂	中国 印度 日本、韩国	张孝羲等（1981），何俊华等（1996） Randhawa et al.（2006） 何俊华等（1996）

（续）

分类信息	地　点	参考文献
Temelucha philippinensis 菲岛抱缘姬蜂	中国	张孝羲等（1981），农业部全国植物保护总站等（1991）
	印度	Randhawa et al.（2006）
	菲律宾	Barrion et al.（1991），Ooi and Shepard（1994）
	越南	Lam and Thanh（1989），Lam（1996，2000，2002）
	马来西亚、泰国	何俊华等（1996）
Temelucha nr. *philippinensis* 菲岛抱缘姬蜂	越南	Dung（2006）
Temelucha stangli 三化螟抱缘姬蜂	中国	何俊华等（1996）
	印度	Randhawa et al.（2006）
	菲律宾	Barrion et al.（1991）
Temelucha sp. 抱缘姬蜂属的一种	中国	农业部全国植物保护总站等（1991）
Trathala flavo-orbitalis 黄眶离缘姬蜂	中国	农业部全国植物保护总站等（1991）
	印度	Randhawa et al.（2006）
	菲律宾	Barrion et al.（1991）
	越南	Lam（1996，2000，2002）
	日本、韩国、马来西亚、缅甸、泰国、斯里兰卡	何俊华等（1996）
Trichionotus suzukili 铃木弧脊姬蜂	中国	农业部全国植物保护总站等（1991）
Trichionotus sp. 弧脊姬蜂属的一种	中国	农业部全国植物保护总站等（1991）
Triclistus aitkiai 弓脊姬蜂属的一种	中国	农业部全国植物保护总站等（1991）
	印度、日本	何俊华等（1996）
Trichomma cnaphalocrocis 纵卷叶螟小毛眼姬蜂	中国	农业部全国植物保护总站等（1991）
	印度	Rani et al.（2007）
	菲律宾	Barrion et al.（1991），Ooi and Shepard（1994）
	越南	Lam（2000，2002）
Vulgichneumon diminutus 稻纵卷叶螟白星姬蜂	中国	农业部全国植物保护总站等（1991）

（续）

分类信息	地 点	参考文献
Xanthopimpla enderleini 黄痣黑点瘤姬蜂	越南	Lam（1996，2000，2002）
Xanthopimpla flavolineata 无斑黑点瘤姬蜂	中国	农业部全国植物保护总站等（1991）
	印度	Pati and Mathur（1982），Bharati and Kushwaha（1988），Rani et al.（2007），Randhawa et al.（2006）
	印度尼西亚、老挝、马来西亚、巴基斯坦、斯里兰卡	何俊华等（1996）
	菲律宾	Barrion et al.（1991），Ooi and Shepard（1994）
	越南	Lam（1996，2000，2002）and Dung（2006）
Xanthopimpla punctata 广黑点瘤姬蜂	中国	张孝義等（1981），农业部全国植物保护总站等（1991）
	印度、印度尼西亚、老挝、马来西亚、尼泊尔、菲律宾、斯里兰卡、泰国	何俊华等（1996）
	越南	Lam and Thanh（1989），Lam（1996，2000，2002），Dung（2006）
Pteromalidae 金小蜂科		
Trichomalopsis apanteloctena 绒茧灿金小蜂	菲律宾 越南	Barrion et al.（1991） Lam and Thanh（1989），Lam（1996，2000，2002）
Scelionidae 缘腹细蜂科		
Telenomus dignus 等腹黑卵蜂	印度	Randhawa et al.（2006）
Trichogrammatidae 赤眼蜂科		

（续）

分类信息	地　点	参考文献
Trichogramma chilonis 螟黄赤眼蜂	印度	Kumar and Khan（2005），Shankarganesh and Khan（2006），Budhwant et al.（2008）
	巴基斯坦	Sagheer et al.（2008）
	越南	Lam（1996，2000，2002）
	中国	张孝羲等（1981），农业部全国植物保护总站等（1991）
Trichogramma closterae 舟蛾赤眼蜂	中国	农业部全国植物保护总站等（1991）
Trichogramma dendrolimi 松毛虫赤眼蜂	中国	张孝羲等（1981），农业部全国植物保护总站等（1991）
Trichogramma japonicum 稻螟赤眼蜂	中国	张孝羲等（1981），农业部全国植物保护总站等（1991），Guo and Zhao（1992）
	印度	Kumar and Khan（2005）
	日本	Sweezey（1931）
	马来西亚(半岛)	van Vreden and Ahmadzabidi（1986）
	菲律宾	Barrion et al.（1991），Ooi and Shepard（1994），de Kraker（1996，1999b）
	越南	Lam and Thanh（1989），Lam（1996，2000，2002）
Trichogramma leucaniae 黏虫赤眼蜂	中国	农业部全国植物保护总站等（1991）
Trichogramma ostriniae 玉米螟赤眼蜂	中国	张孝羲等（1981），农业部全国植物保护总站等（1991）
Trichogramma sp./spp. 赤眼蜂属	印度	Pasalu et al.（2004），Rani et al.（2007）
	菲律宾	Barrion et al.（1991），de Kraker（1996）
	越南	Lam（1996，2000，2002）

附表7-2 亚洲报道的稻纵卷叶螟的双翅目天敌（Gurr et al., 2012）

分类信息	地 点	文 献
Phoridae 蚤蝇科		
Megaselia scalaris 蛆症异蚤蝇	印度	Randhawa et al.（2006）
Megaselia sp. 异蚤蝇属的一种	菲律宾	Barrion et al.（1991）
Sarcophagidae 麻蝇科		
Pierretia caudagalli 鸡尾细麻蝇	中国	农业部全国植物保护总站等（1991）
Tachinidae 寄蝇科		
Argyrophylax fransseni 胫寄蝇属的一种	马来西亚（半岛）	van Vreden and Ahmadzabidi（1986）
Argyrophylax nigrotibialis 黑胫寄蝇	菲律宾	Barrion et al.（1991）
Chaetexorista javana 爪哇刺蛾寄蝇	印度	Randhawa et al.（2006）
Exorista japonica 日本追寄蝇	中国	农业部全国植物保护总站等（1991）
Halidaya luteicornis 银颜筒寄蝇	中国	农业部全国植物保护总站等（1991）
Lydella grisescens 玉米螟厉寄蝇	中国	农业部全国植物保护总站等（1991）
Nemorilla floralis 横带截尾寄蝇	印度	Randhawa et al.（2006）
Nemorilla maculose 双斑截尾寄蝇	中国	农业部全国植物保护总站等（1991）
Pseudoperichaeta nigrolinea 稻苞虫赛寄蝇	中国	张孝羲等（1981），农业部全国植物保护总站等（1991）
Thecocarcelia oculata 欧库鞘寄蝇	中国	农业部全国植物保护总站等（1991）
Zygobothria ciliata 纤毛寄蝇	菲律宾	Barrion et al.（1991）

我国稻纵卷叶螟常见天敌

姬蜂科（Ichneumonidae）

1.螟蛉瘤姬蜂 [*Itoplectis naranyae*（Ashmead）]

形态特征：体长8～3mm。寄生纵卷叶螟绒茧蜂的仅约4mm。头、胸部黑色；腹部赤褐色，末端2或3节黑色，有些个体不黑。头稍狭于胸，复眼在近触角窝处明显凹入；触角比体短。中胸无盾纵沟；并胸腹节中央有近于平行的纵脊2条，在中段之后稍向后角扩展。翅基片黄色；翅痣基角黄褐色，其余黑色；小翅室五角形。足粗壮，爪发达；足赤褐色，后足腿节末端、胫节基部和末端、所有端跗节末端黑色；各足第一至四节端部淡褐色。腹部背板密布刻点，第二至五背板各节左右

附图7-1　螟蛉瘤姬蜂（*Itoplectis naranyae*）

稍呈瘤状隆起，近后缘也稍隆起。产卵管直而粗壮，鞘比后足胫节稍长。

生活习性：为稻田常见寄生蜂，寄生于二化螟、三化螟、稻纵卷叶螟、稻螟蛉、大螟、黏虫、稻苞虫，据记载也寄生稻负泥虫。还可以寄生于茶卷蛾、小黄卷蛾〔棉卷蛾〕、银纹叶蛾和红树卷叶蛾。有时也作为重寄生蜂寄生于螟蛉悬茧姬蜂、稻苞虫凹眼姬蜂和纵卷叶螟绒茧蜂茧内。该蜂在寄主幼虫期寄生，蛹期羽化。单寄生。秋季在浙江省稻田内颇多，越冬代在稻纵卷叶螟蛹中寄生率高的可达56.47%（宁波，宁波地区农科所调查，1974年冬至1975年春）。

分布：辽宁、江苏、上海、浙江、安徽、江西、湖北、湖南、四川、台湾、福建、广东、广西、云南。

2.**稻苞虫黑瘤姬蜂**〔*Coccygominus parnarae*（Viereck）〕

形态特征：体长15～17mm。体黑色；翅基片黄色；翅痣深褐色；前中足腿节端部和胫节带赤褐色（雌）或黄褐色（雄）。头顶刻点密而浅；额稍凹陷，中央有细纵沟；复眼在近触角窝处稍凹陷。中胸背板稍隆起，密布细刻点和棕色细毛；并胸腹节刻点粗大，中央基部的2条短纵脊消失，侧毛棕黑色。后小脉在中央上方截断。腹部扁平，无光泽；除第一腹节背板基部1/3平滑外，其余部分刻点细而密；第二至五背板刻点直至后缘，本属其

他种后缘有光滑的区域，可加以区别。产卵管鞘约为后胫节长的0.85 ~ 1.05倍。

生活习性：稻田寄主有稻纵卷叶螟、大螟、稻苞虫、稻眼蝶。此外还有樗蚕、亚洲蓑蛾、野蚕、茶蓑蛾、天幕毛虫、赤松毛虫、桑螟、竹叶虫、银纹叶蛾。在稻苞虫蛹内寄生的黑瘤姬蜂全国共有3种，但绝大部分均为本种。本蜂在浙江、江西、福建稻苞虫蛹中常可获得，据江西共产主义劳动大学调查，南昌1974年5月下旬寄生率达50%。单寄生。

分布：河北、江苏、浙江、安徽、江西、湖北、湖南、四川、台湾、福建、广东、广西、贵州稻田内发现。在辽宁、上海也有此蜂。

3.广黑点瘤姬蜂（*Xanthopimpla punctata* Fabricius）

形态特征：体长10 ~ 12mm。体黄色（日久变黄赤色），有黑斑。触角一般背面暗褐色，腹面赤褐色。复眼、单眼区及周围、中胸盾片上横列3纹（或相连），翅基下脊、并胸腹节2纹，腹部第一、三、五、七节背板上有1对斑点（雄蜂第四或六背板上有时也有，但较小），后足胫节基部及产卵管鞘均黑色；并胸腹节光滑，中区长约为宽的0.6倍，分脊在后角或后角附近伸出。产卵管鞘长度约为后足胫节的1.8倍。

生活习性：稻田寄主有二化螟、稻纵卷叶螟和稻苞虫。此外还有棉大卷叶螟、桑螟、棉小造桥虫、高粱条螟、甘蔗二点螟（粟灰螟）、甘蔗小卷蛾（黄螟）、玉米螟、粟穗螟、马尾松毛虫、荞麦毒蛾及杨扇舟蛾等。蜂产卵于幼虫体内，寄主化蛹后蜂的幼虫才在寄主体内化蛹，羽化时咬破寄主蛹前端而出。单寄生。稻苞虫被此蜂寄生的很多，寄生率常在20%以上，浙江丽水1965年7月达42.86%。据云南省文山州农科所田间调查，下半年雌性占比为57.1% ~ 81.3%，平均70.8%。有时此蜂与寄蝇或与稻苞虫腹柄姬小蜂共寄生于一蛹内，也有被稻苞虫羽角姬小蜂或横带沟姬蜂所寄生的。

分布：江苏、浙江、安徽、江西、湖北、湖南、四川、台湾、福建、广东、广西、贵州、云南稻田内发现。北京、河北、山东也有此蜂。

4.螟蛉悬茧姬蜂（*Charops bicolor* Szepligeti）

别名：螟蛉瘦姬蜂、灯笼蜂

形态特征：体长7～10mm。头、胸部黑色；触角黑褐色；复眼在近触角处强度凹入；中胸盾片无盾纵沟；小盾片近方形，中央稍凹；并胸腹节后方显著向下倾斜，表面有细隆线，后端狭且伸至后足基节之间。翅基片黄色，翅短，无小翅室。腹部背板赤褐色，第二背板基半的倒箭状纹和后缘及雄蜂腹末黑色；第一节柄状部分长，第二节以后显著纵扁。产卵器稍突出。

茧圆筒形，质地厚，长约6mm，径约3mm，两端稍钝圆，灰色，上下有并列的黑色斑点，状似灯笼，故有"灯笼蜂"之称。茧的一端有细丝系于植株上，而将茧悬于空中，丝长7～23mm。

生活习性：稻田寄主有稻纵卷叶螟、稻螟蛉、黏虫、稻毛虫及稻苞虫。此外还有许多夜蛾幼虫，如棉铃虫、棉小造桥虫、苎麻夜蛾、鼎点金刚钻等。据在稻螟蛉上观察，此蜂产卵于寄主幼虫体内。蜂幼虫成熟后即从螟蛉幼虫前胸处钻出体外，此时寄主一般为三、四龄幼虫。单寄生。蜂幼虫体色碧绿，长约6mm，先吐丝缀于叶上，再引丝将身体下垂，不断摇动头部，悬空吐丝结茧。结茧约5～6h完成，茧初无黑斑，而后逐渐显现。蛹期6～7d，羽化孔在茧的下端，孔圆形有细缺刻。雌蜂比例占92.5%。寄生率一般不高。螟蛉悬茧姬蜂结茧后被其他蜂寄生的情况相当严重，如1957年7月在杭州考查，重寄生率达39.13%，其重寄生蜂有螟蛉瘤姬蜂、负泥虫沟姬蜂、次生大腿小蜂、稻苞虫金小蜂及菲岛黑蜂。

分布：江苏、浙江、安徽、江西、湖北、湖南、四川、台湾、福建、广东、广西、贵州、云南稻田内发现。北京、黑龙江、辽宁、山东、陕西也有此蜂。

5.螟黄抱缘姬蜂 [*Temelucha biguttula*（Munakata）（*=Cremastus biguttulus* Matsumura）]

别名：螟黄瘦姬蜂

形态特征: 体长约9mm。大体黄褐色，头部色稍淡，复眼及单眼区黑褐色，中胸盾片的3条纵纹淡褐色，翅痣淡黄色，腹部第一背板后缘、第二背板前方中央的倒三角形斑纹、第三背板前缘黑褐色。单眼区隆起，侧单眼至复眼的距离约为单眼直径的0.5～0.7倍（雌）或0.1～0.2倍（雄）；触角短，仅能伸至第三腹节；后头脊不很明显，中央有缺口。并胸腹节中区近五角形，长约为宽的2倍，比第二侧区狭，内有不规则细横皱。翅短，仅达腹部第三至四节之间；无小翅室。腹部细瘦侧扁。第一节背板下缘近中央处在腹面向内成弓形弯曲，两边几乎相连，故名"抱缘"；后柄部及第二背板有细纵刻线；产卵管鞘约为后胫节的1.7倍。

茧圆筒形，长10～11mm，径3mm，暗黄褐色。

生活习性: 是稻田常见天敌，寄主有二化螟、三化螟、大螟。此外也寄生红铃虫和棉大卷叶螟；据记载，稻螟蛉和稻纵卷叶螟上也有被寄生的。蜂成虫多产卵于寄主的二、三龄幼虫内，蜂幼虫成熟后则钻出寄主体壁在附近结茧化蛹，因此常可在稻茎内或叶鞘内捡得蜂茧。单寄生。成虫白天活动，但夜晚雄蜂的趋光性极强。在浙江省7月，结茧至羽化需6～7d。以幼虫在寄主幼虫体内越冬，一般在4～5月钻出结茧，5月底至6月上旬羽化。

分布: 辽宁、山西、江苏、浙江、安徽、湖北、湖南、四川、台湾、福建、广东、云南。

6.菲岛抱缘姬蜂 [*Temelucha philippinensis* (Ashmead)]

别名: 菲岛瘦姬蜂

形态特征: 体长约9mm。大体黄褐色；复眼、单眼区及周围头顶或连后头一部分、腹柄基部、第二背板基部倒三角形长纹、第三背板基部均黑色。雄蜂并胸腹节基部还有黑色大斑。结构与螟黄抱缘姬蜂相似，但侧单眼至复眼的距离约为单眼直径的1.3～1.5倍（雌）或1.0～1.1倍（雄）；并胸腹节中区稍宽于第二侧区；腹部更细瘦、侧扁，第一节背板下缘在腹面也有部分相接触。第二背板长约为宽的4.5倍；产卵管鞘长度为后足胫节的2.1倍。

茧暗黄褐色，长约10～11mm，径3mm。

生活习性：本种是稻田常见的种类，寄主有二化螟、三化螟、稻纵卷叶螟、显纹卷叶螟和稻苞虫。寄生于幼虫体内，单寄生。在寄主四、五龄时钻出结茧化蛹。据江西共产主义劳动大学南昌调查，1975年5月下旬稻纵卷叶螟和1974年第三代三化螟寄生率均为20％。趋光性极强，福建浦城病虫

附图7-2　菲岛抱缘姬蜂（*Temelucha philippinensis*）

测报站1973年7月22日晚诱得此蜂2 200头（同日稻纵卷叶螟为2 400头）。

分布：江苏、上海、浙江、安徽、江西、湖北、湖南、台湾、福建、广东、广西、云南。

茧蜂科（Braconidae）

7.纵卷叶螟绒茧蜂（*Apanteles cypris* Nixon）

形态特征：体长2.4～3.0mm。体黑色；须及胫节距淡黄色；前足（除基节），中足（除基节及腿节），后足转节、胫节（除端部）、跗基节基部2/5和端跗节黄褐色；翅透明，前缘脉、翅痣（除基角）及痣后脉淡茶褐色，但雄蜂翅痣仅周围淡茶褐色，中间色淡。体多细白毛。触角比体略长。中胸盾片刻点明显，在盾纵沟位置的较粗；小盾片三角形，平滑有光泽，外方沟内均有短脊，侧方平滑。并胸腹节中区及分脊的脊强，除中区光滑内有细横脊外，其余部分多皱状刻纹；中区五角形，底角近90°；分脊在后方3/5处。前翅径脉第一段从翅痣后缘的3/5处伸出，为肘间横脉长度的2倍，相连处呈弧形，分界不清，与翅痣宽度相近，比回脉稍长；肘脉第一段端段比肘间横脉明显长；肘脉第二段有色部分为第一段端段的1/2，与基脉上段相等；翅痣短于痣后脉。腹部第一背板长方形，侧缘在中央稍宽，雄蜂的较狭长，后半的水平部分

宽大于长，中央有浅纵沟，两侧有细纵脊；第二背板短，后缘宽约为中央长度的5.5倍；第三背板约为第二背板长度的3倍。产卵管长，向下弯曲，鞘的长度约为后足胫节的0.75～0.85倍。

茧单个，白色，圆筒形，两端圆，长约4.5mm，径约1.3mm。茧外表比较光滑，无粗丝缠附于叶片上。被寄生幼虫的头部常黏在附近。

附图7-3　纵卷叶螟绒茧蜂（*Apanteles cypris*）

生活习性：寄生于稻纵卷叶螟幼虫，其他寄主尚待发现。单寄生。此蜂寄生率较高，是稻纵卷叶螟幼虫寄生蜂中最重要的一种，以浙江吴兴县农科所1975年在平原和山区两处的调查为例，7月7～12日的第二代为9.92％～24.66％，8月7～15日的第三代为30.77％～49.14％，9月4～10日的第四代为23.81％（主要是寄蝇寄生率上升）～84.62％，据浙江省嘉善、东阳、金华三地调查及江西、福建等省报道，情况也类似。蜂成虫行动活泼，在稻丛间作摆动式疾飞。早稻收割后集居于田间草堆近旁，用捕虫网极易大量捕获。在稻株上则靠爬行寻找寄主幼虫。雌性占比平均约70％。产卵于第一或二龄幼虫体内，多在寄主幼虫三、四龄也有的在五龄时钻出体外结茧化蛹，可消灭寄主在暴食之前，值得进一步研究利用。此蜂茧内也常育出许多重寄生蜂，据1976年8月初在杭州调查，总重寄生率为1.80％，稻苞虫羽角姬小蜂为0.30％，菲岛黑蜂为0.60％。此外还有螟蛉瘤姬蜂、盘背菱室姬蜂、无脊大腿小蜂。

分布：江苏、浙江、安徽、江西、湖北、湖南、四川、台湾、福建、广东。

8.螟蛉绒茧蜂［*Apanteles ruficrus*（Haliday）］

形态特征：体长约2.3mm。体黑色，腹部腹面带黄褐色。足大体黄褐色；后足基节（除末端）黑色；后足腿节末端、胫节两端或仅末端、全部跗节或仅后足的跗节、爪暗褐色。翅基片黄褐色；翅脉及翅痣淡黄褐色。头密布细毛，有光泽；雌蜂触角倒数第二至五各节长宽比例在1.5倍以下；颜面密布刻点，有稍隆起的纵中线。中胸盾片后方中央及盾纵沟刻点粗密；并胸腹节有网状皱纹。

附图7-4　螟蛉盘绒茧蜂（*Cotesia ruficrus*）

前翅长大，明显比体长；径脉第一段从翅痣中央稍外方伸出，与肘间横脉等长或比之稍短，连结处外方曲折明显，比回脉短；肘脉第二段有色部分与基脉上段相等；小脉较长，从盘室下缘偏基方伸出。后足基节有明显的皱状刻纹。腹部第一、二背板有粗糙网状皱纹，第一背板梯形，第二背板横长方形，皱纹近于纵列，侧缘光滑，以后各节平滑有光泽，多数标本中线渐隆起，但不形成脊。产卵器短。

茧白色或稍带淡黄色，一般10余个至20余个小茧平铺成一块，偶尔不规则重叠。小茧圆筒形，长2.5～3mm，两端稍细，顶钝圆，质地较厚。羽化孔在茧的一端。因其多结在水稻叶片上部，形状似一粒粒米，十分显目，早为人们注意。

生活习性： 寄主很多，以夜蛾科幼虫为主。稻田内的寄主有黏虫、劳氏黏虫、禾灰翅夜蛾、条纹螟蛉及二化螟、三化螟、稻纵卷叶螟、稻苞虫和稻眼蝶等，其他重要寄主有棉铃虫、棉小造桥虫、斜纹夜蛾、银纹夜蛾等。据记载还有小地老虎、菜夜蛾、草地螟、玉米螟、小菜蛾等20多种寄主。蜂产卵于稻螟蛉幼虫体内，孵化后即取食寄主的内含物，被寄生的稻螟蛉幼虫至后期行动明显迟缓，体色变淡。在浙江5～6月时，蜂的幼虫约经10～11d即已成熟，从6月17日至7月30日，可育出完整的3个世代。成熟的幼虫从螟蛉幼虫表体钻出，体呈淡黄绿色，可透见食道内绿色，环节明显，前方较细，甚活动，颇似小蛆，在寄主虫体附近稻叶上吐丝结茧，结茧约2～3h完成。一头稻螟蛉幼虫平均育有螟蛉绒茧蜂21.04头（7～53头）。蜂幼虫钻出后的螟蛉幼虫体壁上可见若干黑色小点（孔），身体越加皱缩，约经半日即死亡。蛹期5～7d。成虫在茧的一端咬一弧形裂缝（羽化孔）爬出，依此羽化孔的位置和形状，可与其他重寄生蜂区别。雌性占比平均为86.32%。刚羽化的成虫即行交尾。成虫在稻叶上爬行极迅速，也可飞翔以寻找寄生。据1963年5～7月在浙江东阳调查，早稻秧田及本田内的寄生率逐渐上升，7月初可达51%，从而稻螟蛉虫口也大大下降；7月中、下旬早稻本田和晚稻秧田内稻螟蛉幼虫被寄生的也很多，不过，此时早稻田内的茧大部分结在稻株基部，常不被注意。在黏虫幼虫上的寄生率，以云南思茅普文农场调查到的为最高记录，1974年4月为87%；在浙江20世纪50年代一般有50%，70年代初期因频繁用药此蜂曾少见，实行"综合防治"减少用药之后又逐步增多。螟蛉绒茧蜂数量增加后，其重寄生蜂的活动也相应上升，重寄生率1963年5～6月在东阳为27.69%，1964年7月下旬在温州为26.10%，有时可高达51.14%，其中个别茧块的茧粒，全部都被重寄生。重寄生的蜂种，以稻苞虫金小蜂最多，此外还有负泥虫沟姬蜂、折唇姬蜂、刺姬蜂、盘背菱室姬蜂、黏虫广肩小蜂、菲岛黑蜂及温州黑蜂等。

分布：吉林、辽宁、山东、江苏、浙江、安徽、江西、湖北、湖南、四川、台湾、福建、广东、广西、贵州、云南。

9.拟螟蛉绒茧蜂（*Apanteles* sp.）

形态特征：本种与螟蛉绒茧蜂相似，常易混淆。不同点是本种腹部背板光泽不强，第三或第三背板以后（除腹末）呈暗红褐色；雌蜂触角倒数第二至五节长宽比例均在1.5倍以上；前翅长度约与体长相近；径脉第一段从翅痣下缘偏外方伸出，与肘间横脉约等长（或稍长），比回脉稍短；肘脉第一段在基脉上端相交；小脉短，从盘室下缘中央偏基方伸出。茧薄而白，小茧常重叠，外常有薄丝共同覆盖。

生活习性：寄生于稻纵卷叶螟幼虫，但寄生率不高。在稻纵卷叶螟上的寄生率比在螟蛉绒茧蜂上高。

分布：浙江、安徽、湖北、湖南、四川。

小蜂科 Chalcididae

10.无脊大腿小蜂（*Brachymeria excarinata* Gahan）

别名：纵卷叶螟大腿小蜂、小蛾大腿小蜂

形态特征：体长2.6～4.2mm。寄生绒茧蜂的仅2mm。体黑色；翅基片、腿节端部、前足胫节（除腹面中部黑斑外）、中足胫节两端、后足胫节亚基部背方小斑和端部背方长斑、全部跗节黄色或淡黄色。触节7个索节等长。三种大腿小蜂中唯本种眼后颊区内无斜脊。后足腿节外侧腹缘有10～12小齿，背面中部较高向两端斜直而非均匀弧形。腹部稍长于前胸和中胸背板之和，比胸部狭，其后端稍尖。

附图7-5 无脊大腿小蜂（*Brachymeria excarinata*）

生活习性：稻田寄主有三化螟、稻纵卷叶螟、稻螟蛉，偶尔重寄生于螟蛉内茧蜂和纵卷叶螟绒茧蜂。此外寄主还有小菜蛾、梨小食心虫、苹小卷叶蛾、菜粉蝶等。蜂从寄主蛹内羽化，单寄生。被寄生蛹的第四、五、六腹节后缘有黑褐色环纹。据浙江省吴兴县农科所1975年调查，稻纵卷叶螟蛹的被寄生率，第二、三代分别为3.74%和3.14%；8月份作为重寄生蜂寄生于纵卷叶螟绒茧蜂的为2.08%，总的看来，益多害少。

分布：江苏、浙江、江西、湖北、四川、台湾、福建、广东稻田内发现。河南也有此蜂。

11.广大腿小蜂 [*Brachymeria lasus* (Walker) (=*Brachymeria obscurata* Walker]

别名： 广大腿蜂

形态特征： 雌蜂体长5.0～6.5mm；雄蜂3.2～5.5mm。体黑色；翅基片、足腿节末端、前足和中足胫节（除腹面基中部黑斑外）、后足胫节（除基部并连整个腹面黑斑外）及全部跗节黄色。触角第一至五索节等长，各节稍长于其宽。后足基节内侧近端部有1突起；后腿节外侧腹缘有11～12个小齿。腹部与前胸及中胸背板之和等长，与胸部等宽。

附图7-6 广大腿小蜂（*Brachymeria lasus*）

生活习性： 本种寄主范围极广，已知有鳞翅目、双翅目、膜翅目昆虫共26科113种，以鳞翅目害虫为主。在稻田中寄生于稻苞虫的极多，稻纵卷叶螟、隐纹稻苞虫、稻眼蝶上也有发现。据记载，在台湾寄生于稻螟蛉、螟蛉悬茧姬蜂和螟蛉绒茧蜂。其他寄主还有红铃虫、苹卷叶蛾、后黄卷叶蛾、醋栗褐卷蛾、桑螟、玉米螟、棉大卷叶螟、桃蛀螟、竹螟、尘白灯蛾（人纹灯蛾）、红腹白灯蛾、棉小造桥虫、鼎点金刚钻、翠纹金刚钻、棉铃虫、银纹夜蛾、葫芦夜蛾、杨扇舟蛾、桑毛虫、竹毒蛾、棉大造桥虫、桑尺蠖、野蚕、桑蟥、马尾松毛虫、赤松毛虫、油松毛虫、柳杉毛虫、樟青条凤蝶、菜粉蝶、花粉蝶等。此外，据记载国外还有报道寄生于茶卷蛾、甘蔗毒蛾、透翅榕毒蛾、棉小夜蛾、劳氏黏虫、粉纹夜蛾、条瘦姬蜂及黑胫寄蝇等。蜂从寄主蛹内羽化，单寄生。有人认为蜂产卵于老熟期幼虫，也有观察认为，一般地喜欢嫩蛹，但稻纵卷叶螟的老蛹，也会被寄生，被寄生的蛹上，还能找到一个黑色小斑疤，其位置不定，而盖在蛹外的稻叶上，在小斑疤处也有一个大小约0.5mm的小洞。被寄生后的蛹，在第四、五、六腹节后缘有黑褐色环纹。产卵至羽化，约经2～3周。在稻苞虫蛹内，蜂幼虫多在胸部生活，因此，其羽化孔多在蛹的前端。在杭州，樟青条凤蝶蛹上的寄生率，有时可高达80%。11月的晴天，常大量飞到近野外的室内玻璃窗上。以成虫在枯叶和向阳的墙缝及裂隙中过冬，可经过6个月。

分布： 陕西、上海、江苏、浙江、安徽、江西、湖北、湖南、四川、台湾、福建、广东、广西、贵州、云南。

寡节小蜂科（姬小蜂科）（Eulophidae）

12.稻苞虫羽角姬小蜂（*Sympiesis* sp.）

形态特征： 雌蜂体长1.5～2.3mm。体孔雀绿色，有金光；腹部带蓝黑色，第一背板后缘中央、整个腹面（除两侧外）及产卵管鞘黄褐色；复眼、单眼棕褐色；触角柄节淡黄褐色，其余淡褐色；翅基片及翅脉淡褐色，翅透明；足完全淡黄色。头、胸部密布网状细刻纹，仅中胸后侧片光滑，且有横沟；头宽约为长的2倍，稍阔于胸；后头缘圆，后头凹入；触角着生于复眼下缘连线水平；柄节长不达中单眼，梗节及4索节几乎等长，依次渐宽；棒节2节，长不及前2索节之和。中胸盾片网纹较粗，盾纵沟不完整；三角片前伸稍超过翅基连线；并胸腹节横形，中纵脊及侧褶均完整。前翅缘脉长为后缘脉的2.2倍、痣脉的4.5倍。跗节4节。腹部卵圆形，与头部等宽，短于头胸部之和；背面略下凹，腹面膨起，产卵管隐蔽。

雄蜂体长1.3～2.0mm。与雌蜂似，不同之点：触角全部黄褐色，柄节较短呈半月形扁平膨大，索节4节，第一至二节比第三、四节狭而长，第一至三索节有分枝。腹部较短小，背面近基部黄斑更为明显，腹面黄斑在基部2/5处侧缘外。

生活习性： 本种为稻苞虫常见的寄生蜂，在稻纵卷叶螟、稻眼蝶上也有寄生，从蛹内羽化，多寄生，稻苞虫蛹内出蜂数平均43头（11～148头），雌性占比均在95%左右；也可作为重寄生蜂寄生于广黑点瘤姬蜂、横带沟姬蜂、稻苞虫凹眼姬蜂、弄蝶绒茧蜂、纵卷叶螟绒茧蜂、拟螟蛉绒茧蜂及稻纵卷叶螟的寄蝇和稻苞虫的寄蝇，除前两种情况浙江尚未发现外，其余五种茧或蛹中常有发现，一个凹眼姬蜂茧内和一个稻苞虫寄蝇围蛹内平均各出蜂30头。也常见此蜂与稻苞虫腹柄姬小蜂共寄生于一稻苞虫蛹内，在浙江可占此两种蜂全部寄生蛹的10.47%，共寄生蛹的出蜂情况本种平均占27.48%。

分布：江苏、浙江、安徽、江西、湖北、湖南、四川、广西、贵州、云南。

扁股小蜂科（Elasmidae）

13.白足扁股小蜂（*Elasmus corbetti* Ferriere）

形态特征：雌蜂体长2.1mm。体钢蓝色；后盾片黄色；腹部第二背板及以后背板稍带褐色，腹面除末端黑色外淡红褐色；触角柄节黄褐色，其余黑褐色。翅面密布短毛，稍呈烟褐色。足明黄色，仅后足基节上半部与体同色，中、后足腿节的上、下缘有褐色狭条。头、胸部包括并胸腹节有鲨皮状细皱纹。头部自上面观近半球形。触角10节，内环状节2节；索节3节，长比宽均稍大于2倍，第三索节稍短；棒节3节。中胸盾

附图7-7　白足扁股小蜂（*Elasmus corbetti*）

片长稍短于宽，后缘有向后伸的刚毛1列；后盾片端部向后延伸呈三角形半透明薄片。翅狭长呈桨状，休息时长达腹端，缘脉甚长，痣脉甚短。腹部近锥形，背面略平，两侧向腹面中央压缩，第一、六节背板均长大于宽；产卵器微突出。

雄蜂体长约1.5mm。触角黄色，仅棒节黑褐色；柄节端半膨

大；索节4节，第四节长约为第一至三节之和的2倍，第一至三节各有与整个索节等长的分支，上多长毛。中足腿节中央、后足腿节后半（除末端外）带黑褐色。

生活习性： 寄主为稻纵卷叶螟、稻螟蛉。寄生于幼虫体外，多寄生。在稻纵卷叶螟上一般寄生于五龄幼虫，蜂产卵前先用产卵管针蜇寄主幼虫，使其麻痹，然后才产卵于体表褶缝之间，被寄生幼虫身体疲软，呈不透明米黄色，但不腐烂，仔细观察可见若干白色蛆状幼虫贴于体表吮吸汁液。化蛹时即以腹端黏附于稻叶上，初为淡黄色，后呈赤褐色。据福建调查，寄生于刚吐少量丝的预蛹，一个寄主上最多出蜂14只。偶尔也可寄生于纵卷叶螟绒茧蜂，据1975年8月底东阳考查材料，在整个被重寄生茧中此两种共占21.2%，每茧出蜂3～6头。

分布： 浙江、湖北、湖南、福建、贵州。

14.赤带扁股小蜂（*Elasmus* sp.）

形态特征： 雌蜂体长1.2～1.4mm。体黑色，有蓝色反光；触角柄节和梗节淡黄色，鞭节褐色；翅基片、翅脉、后胸盾片、前足（除基节基部和腿节基部外）、中后足基节末端、转节、腿节两端、胫节和跗节黄白色，足其余部分黑褐色；腹部近基部有暗赤褐色带。头部近半球形；额圆，具稀疏粗刻点；后头缘锋锐；触角着生于复眼下缘连线上，其间有纵脊达于唇基；触角10节，柄节长约为宽的3倍，梗节长略大于宽，环状节两节小，索节3节约等长，依次渐宽，棒节3节长卵圆形，端部收缩，与前两索节之和约等长。中胸盾片明显宽大于长，有很多粗短刚毛；小盾片近圆形，光滑；后盾片三角形突向后方；并胸腹节平坦而光滑。前翅楔形狭长，缘脉甚长，痣脉甚短，后缘脉较痣脉长。后足基节外侧和腿节外侧有指纹状细刻纹；后足胫节有黑色刚毛组成的菱形纹；中足胫节及跗节和后足跗节外侧前后缘有黑色纵向刚毛形成的黑线。腹部背面平坦或稍凹陷，腹面向中央收缩以致形成三角锥形，表面光滑。产卵管不突出或刚突出。

雄蜂体长约1.2mm，与雌蜂相似，触角索节4节，第一至三索节分支成羽毛状，第四索节长约为前3索节之和、为棒节长的1.3倍。

生活习性：一般寄生于稻纵卷叶螟二、三龄幼虫，多寄生，每条被寄生幼虫出蜂数平均为6.9头（1～12头）。性比一般在75%～80%。被寄生后的情况，与白足扁股小蜂相同。据浙江嘉兴地区农科所等调查，在嘉善第二代未发现，第三代寄生率高的可达23.08%，第四代高的可达41.7%，在山区安吉县高的可达81.1%。此蜂在稻纵卷叶螟的幼虫寄生蜂中的重要性仅次于纵卷叶螟绒茧蜂。在浙江稻纵卷叶螟上两种扁股小蜂中此种占86.1%。该蜂偶尔也可作为重寄生蜂寄生于纵卷叶螟绒茧蜂和拟螟蛉绒茧蜂。每茧出蜂3～6头。

分布：浙江、安徽、江西、湖北、湖南、福建、贵州。

15.菲岛扁股小蜂（*Elasmus philippinensis* Ashmead）

形态特征：雌：体长1.4～1.6mm。体黑色，带暗绿色金属光泽。触角柄节浅黄白色，梗节与鞭节浅褐色。翅基片及后胸小盾片黄白色。翅透明。后足基节除端部、腿节除两端外黑褐色，其余部分黄白色。触角柄节长不过宽的3倍；第一节索节短于梗节，第二、三索节近方形；棒节长稍短于索节之和。产卵管几乎不露出腹末。

雄：体长0.9～1.2mm，与雌蜂相似，但下列部分不同：触色较暗，柄节较粗短，长为宽的2倍，柄节长宽相等，第一至三索节各有1粗长带毛的分支

附图7-8　菲岛扁股小蜂（*Elasmus philippinensis*）

第四索节长，棒节不分节。

生活习性：瓜绢野螟、棉大卷叶螟幼虫体外，聚寄生。也寄生稻纵卷叶螟。

分布：浙江、湖北、菲律宾、马来西亚。

赤眼蜂科（纹翅小蜂科）（Trichogrammatidae）

16.螟黄赤眼蜂（*Trichogramma chilonis* Viggiani）

形态特征： 雄蜂体暗黄色。中胸盾片及腹部黑褐色；触角毛颇长而略尖，最长的为鞭节最宽处的2.5倍；前翅臀角的缘毛长度约为翅宽的1/6。外生殖器：阳基背突成三角形，有明显的半圆形的侧叶，末端达腹中突基部至阳基侧瓣末端距离（D）的1/2；腹中突的长度相当于D的1/3；中脊成对，长度与D相当；钩爪末端伸达D的1/2左右。阳基与内突等长，两者全长相当于阳基的长度，略短于后足胫节。

雌蜂在15～20℃下培养出来的，体暗黄色，中胸盾片褐色，腹部全部褐色；在25℃下培养出来的腹部褐色而中央出现暗黄色的窄带；在30～35℃下培养出来的成虫中胸盾片也为暗黄色，腹部褐色而中央有较宽的暗黄色横带。

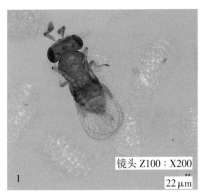 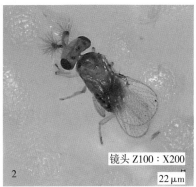

附图7-9　螟黄赤眼蜂（*Trichogramma chilonis*）

（臧连生供图）

1. 雌　2. 雄

生活习性： 本种在稻田内是稻螟蛉、稻纵卷叶螟、稻苞虫等鳞翅目害虫卵内常见寄生蜂，在二化螟、三化螟卵内偶尔也有育出。据记载，其寄主还有夜蛾科、天蛾科、灯蛾科、小卷叶蛾科、细蛾科、螟蛾科、弄蝶科的一些种类。寄生于卵内。被寄生的卵粒在蜂化蛹后卵壳漆黑色有光泽。在稻螟蛉、稻纵卷叶螟等寄主上的寄生率，有时可达80%以上。该种在浙江1年发生18～19代。以蛹态越冬，翌年4月底至5月上旬羽化。据广东测定，该蜂世代发育历期，在17℃条件下为28～31d；20℃为18～20d；25℃为11～12d；30～33℃为8～9d。利用螟黄赤眼蜂防治稻纵卷叶螟等害虫有很好的效果，颇受各地重视。目前，对该蜂的生活及消长情况、越冬处所及早期凋落原因均不太清楚，尚需查明；在应用中效果不稳定、繁殖率不高以及大量中间寄主来源不明等均是比较普遍的问题，也需进一步研究。

分布：天津、河南、陕西、江苏、浙江、安徽、江西、湖北、湖南、台湾、福建、广东、广西、贵州、云南。

17.稻螟赤眼蜂（*Trichogramma japonicum* Ashmead）

别名：日本赤眼蜂

形态特征：雄蜂体黑褐至暗褐色；触角柄节淡黄色，其余黄褐色；触角毛长而尖，最长的相当于鞭节最宽处的2.5倍；翅外缘的缘毛长度差异不大，臀角的缘毛相当于翅宽的1/5；翅面上的毛列S与Cu_1的基部相接近。外生殖器：无腹中突；中脊长度相当于阳基全长的1/4；阳基背突末端钝圆，基部渐次收窄而无侧叶；钩爪伸达腹中突基部至阳基侧瓣末端的1/3，阳基明显长于内突，两者全长相当于阳基的长度，等于或稍长于后足胫节。雌蜂体色与雄蜂相似。

生活习性：该种是稻田最常见的鳞翅目昆虫卵寄生蜂，寄主有三化螟、二化螟、台湾稻螟、大螟、稻螟蛉、稻纵卷叶螟、褐边螟、稻筒巢螟、禾灰翅夜蛾、稻苞虫及稻眼蝶等。此外，稻田及水边的沼蝇卵、荸荠田及水边莎草科植物上的白螟卵也常被寄生。被寄生卵粒在蜂化蛹后卵壳呈漆黑色，有光泽。在浙江1年发生19～20代，10～11月以蛹态越冬，翌年4月羽化。非越冬代历期5～22d，与所处温度成负相关；越冬代166～190d。在

23 ~ 26℃全期10 ~ 11d时，卵、幼虫、预蛹期各为1.5 ~ 2d，蛹期5 ~ 5.5d。每雌产卵量，寄生二化螟时平均52.1头（42 ~ 61头）；寄生三化螟时平均36.1头（23 ~ 104头）。每雌寄生卵数，二化螟平均39.9粒（19 ~ 58粒）；三化螟平均22.3粒（15 ~ 61粒）。每寄主育出子蜂数，二化螟平均1.15头（1 ~ 2头）；三化螟平均2.0头（1 ~ 4头）；稻螟蛉一般1头，偶有2头；稻纵卷叶螟一般1头，少数2 ~ 3头；稻苞虫一般4 ~ 5头（2 ~ 12头）；稻眼蝶7 ~ 11头。喜在新鲜卵内寄生。在自然界的寄生率，对多层的卵块，如三化螟卵，因只能寄生表层或边缘的，寄生率一般在30%以下，而对单层裸露卵粒，无论单产或成块，如稻螟蛉、稻纵卷叶螟或二化螟等高时可达90%以上，灯区附近往往较高，从而对这些害虫的发生起到了很大的控制作用。该蜂不能在蓖麻蚕及柞蚕卵上寄生。广东、湖北等省用仓虫大米蛾大量繁殖以防治二化螟，收到一定效果。湖南、福建、浙江等省曾试用粉斑螟、米黑虫等仓虫及桑灰灯蛾等作为寄主，也获成功，但尚未达实用阶段。

　　分布：陕西、江苏、上海、浙江、安徽、江西、湖北、湖南、四川、台湾、福建、广东、广西、贵州、云南。

 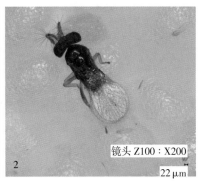

附图7-10　稻螟赤眼蜂（*Trichogramma japonicum*）
（臧连生教授供图）
1. 雌　2. 雄

寄蝇科 Tachinidae

18. 稻苞虫管狭颊寄蝇（*Thecocarcelia parnarae* Chao）

别名：稻苞虫鞘寄蝇

形态特征：成虫体长 7～8mm。雄虫体黑色，覆灰白色粉被。复眼裸；额宽，略大于复眼宽；间额黑褐色，两侧缘平行后端略宽，中部宽度为侧额宽度的 2/3；两后单眼的距离为两内顶鬃间距离的 1/4；单眼鬃发达，与前单眼横列于一水平上；额鬃 5 根，其中两根下降至侧颜，最前面一根达触角第二节末端；内侧额鬃 2；外侧额鬃 1，略小于单眼鬃；侧颜裸，上宽下窄，在触角基部的宽度为复眼横轴的 0.4 倍，下方宽度约为触角第三节宽度的 1/3；髭的上方只有 4～5 根小鬃；触角全部黑色，长，末端达于口缘，第一节短，第二节长度为其宽度的 1.5 倍，第三节长度为其宽度的 3.3 倍，为第二节长度的 4.5 倍，触角芒长于触角，裸，基部 2/5 稍粗；下颚须黑色，新月形，为触角第三节长度的 0.6 倍；颊与下颚须等长；颊很窄，侧面观其宽度显著小于由触角基部至复眼前缘的距离。胸部有 5 条黑色纵条，中间一条在盾板缝前消失；毛与鬃黑色；中鬃 3+3，背中鬃 3+4，翅内鬃 1+3；小盾片黑色，有 5 对缘鬃和 1 对心鬃，两小亚端鬃交叉排列，向后平伸，间距略小于与基鬃的间距；胸侧片鬃 2+2。翅较短而宽，半透明略带淡褐色，有黄褐色翅脉；4+5 径脉有 2 根小鬃；前缘脉第三段略大于第四段，为第二段的 1.7 倍，前翅缘脉基鳞黑色。足完全黑色。腹部灰白色粉被在基部浓厚，端部稀薄，第三背板有 1 黑色纵条，第二、三背板各有 1 对中缘鬃，第四背板有 1 行缘鬃，第五背板有 1 行缘鬃和数行排列不规则的心鬃。

雌成虫头部两侧各有 2 根外侧额鬃，触角第三节长度为其宽度的 3.5 倍，为第二节长度的 3.8 倍。

蛹长 8.5～9.0mm，宽 3.0～3.5mm。赤褐色。前后端均比较钝圆，前端比后端稍粗。前气门小，后气门突出，上有 3 个突起，近于鼎状排列。

生活习性：寄生于稻苞虫及稻纵卷叶螟，为稻苞虫上常见的寄生蜂。寄生于稻苞虫幼虫体内，待寄主化蛹后寄蝇幼虫才爬出化蛹。一般单寄生，偶有2只。

分布：浙江、江西、湖北、福建、广东、广西。

19.稻苞虫赛寄蝇（*Pseudoperichaeta insidiosa* R.-D.）

形态特征：体长约7mm。复眼被毛；额窄于复眼（雄）或大致等宽（雌），间额鬃褐，两侧缘向后方加宽；额鬃每侧1行，前方4根下降至侧颜，达着生触角芒的水平；侧额被细长黑毛，伴随额鬃下降侧颜达额鬃的略下方，内侧额鬃1～2根，雌体有外侧额鬃2根；侧颜裸，窄于触角；触角黑，第三节为第二节长的4倍，触角芒基后半部加粗；颜堤鬃上升达颜堤的中部，下颚须黑；后头凹陷，上半部在眼后鬃的后方有1行黑色小鬃。胸部黑，覆灰白粉被，背面有5条黑纵条，肩胛鬃3根，中鬃3+3，背中鬃3+4，翅内鬃1+3，第三翅上鬃显著小于翅前鬃，腹侧片鬃2+2。翅的R_4+5脉基部有1根小鬃。中足胫节有1根前背鬃。腹部卵圆形，背面中央呈1黑纵条，第三、四背板各有1对中心鬃。

蛹长6mm，宽2.5mm。赤褐色。背面稍隆起，腹面略平；两端较细；前气门小，不明显；后气门小而扁，刚突出于体表，两气门间距约等于其直径，与生殖孔相距甚远。

生活习性：寄主有稻苞虫、稻纵卷叶螟、稻螟蛉、大螟等稻田害虫，浙江还发现寄生于豇豆蛀螟。据湖南调查，该蝇1年发生5代，与稻苞虫发生一致。9月下旬在茭白、游草等稻苞虫虫苞内以蛹态越冬，翌年3月底、4月初成虫羽化。产卵于越冬代稻苞虫幼虫体表，卵多黏附于环节折缝的表皮上，每处卵数1～8粒，平均2.5粒，各代卵期1.6～2.9d。蝇蛆孵出后2～8分钟多从寄主气门线附近或气门钻入体内。第一至五各代幼虫历期，室内观察分别为24d、20d、19d、16d、21d。田间每头被寄生的稻苞虫体内蝇蛆多为2条，也有多至4条的。被寄生的幼虫体内蝇蛆寄生部位可出现肿胀，其肿胀程度随蝇蛆发育而渐增，并可随其在体内活动而动。蝇蛆老熟时，寄主体内物质已被吃光，但在蝇蛆钻出虫体

127

后1～3d才死亡。若寄蝇寄生较迟，稻苞虫幼虫已老熟而蝇蛆尚未成长时，也能化蛹，老熟的寄蝇幼虫则从蛹中脱出，脱出后寄主蛹立即死亡。蝇蛆脱出后0.5～2h化蛹，第一至四代蝇蛹历期分别为20.4d、17.3d、14.5d、26.4d。成虫飞翔力甚强，白天活动，夜晚静伏，有弱趋光性，喜舐食甜液。一般羽化后3d开始交尾，每次交尾10～40min。寿命平均8d，最高可达17d。在稻纵卷叶螟幼虫上寄生的一般产卵1粒，也有2～5粒的。在杭州稻纵卷叶螟被寄生率有时可达50%。

分布：浙江、湖北、湖南。

皿蛛科（Linyphiidae）

1.草间小黑蛛 [*Erigonidium graminicola*（Sundevall）]

别名：赤甲黑腹微蛛

形态特征：雌蛛体长2.8～3.9mm，雄蛛2.5～3.3mm。雄蛛头胸部赤褐色，长椭圆形，扁平，无隆起。螯肢内侧中部有1大齿，齿端生1长毛；爪沟的前齿堤一般有5个小齿，后齿堤有4个大齿。触肢膝节上有1明显的三角形突片。步足黄褐色；腹部紫黑色，密生细短毛。雌蛛头部赤褐色，低平。螯肢爪沟的前后齿堤上均有5个小齿，其前齿堤上的齿稍大。步足赤褐色，腹部灰褐色至黑褐色。生殖厣外面观似两个长方形（或长椭圆形）黑色斑块相对而生。卵囊椭圆形块状，也有的因产卵部位而异，卵囊外面由疏松白丝裹着。卵粒圆球形，初产时乳白色，接近孵化时淡黄色。每块卵囊平均含卵约26粒。

生活习性：浙北田间1年发生3个完整世代，10月以后主要以成蛛在绿肥田、春花田等的土块裂缝中过冬。第一代发生于3～5月，主要在春花田和绿肥田中生活，3月上旬开始产卵，3月中旬至4月中旬此代卵囊盛发，主要产卵在绿肥田排水沟两旁的疏松泥堆中；第二代发生于6～8月，主要在早稻田中生活，6月中旬至下旬此代卵囊盛发，主要产在早稻叶片上；第三代发生于8～10月，主要生活在连作晚稻田中，8月下旬至9月上旬此代卵囊盛发，主要产在晚稻叶片上。浙江吴兴县农科所在室内饲养观察，7月卵期平均7.3d，初孵幼蛛乳白色，从孵化至爬离卵囊壳约需2.3d，在离开卵囊前蜕皮一次。幼蛛有5龄（包括离开卵囊时的一次蜕皮），但个体间龄期有差异。7～8月时，从卵发育到成蛛的历期平均为34.9d，其中幼蛛期17～44d，平均27.5d。幼蛛离开卵囊壳时就能取食，体色逐渐加深，由于食饵种类的不同，体色也有差异。室内观察，一头成蛛每天平均吃黑尾叶蝉成虫1头左右，最多吃2.4头；吃稻纵卷叶螟二龄幼虫1.1头。它们以网捕或直接捕食若虫，捕获后多从害虫的柔软处吸取其液汁。成蛛和幼蛛均能随丝飘荡转移于植株间，也能随风飘离到较远处。该蛛活动范围很广，水田、旱地、桑园、竹林等各种作物树木上都有，是浙江省稻田中蜘蛛的主要种类，是最常见、发生数量最大的一种微蛛，约占稻田中微蛛总量的80%左右。在农田中主要捕食叶蝉、飞虱、蚜虫、稻纵卷叶螟幼虫等害虫。

分布： 辽宁、江苏、上海、浙江、江西、湖北、湖南、四川、台湾、广东。

2.食虫瘤胸蛛（*Oedothorax insecticeps* Boes. et Str.）

形态特征： 雌蛛体长3～3.2mm，雄蛛2.6～3.2mm。雄蛛头胸部赤褐色，头部眼区后方显著隆起，胸背有1个较大的瘤状突起，头部隆起与胸背瘤突之间有1明显的横凹沟，故头胸部侧面观似马鞍形，头胸部横凹沟两侧的下方各有1个椭圆形小窝；触肢膝节上的三角形突片细小，不显著；腹部灰绿色，腹背正中有1条浅细的灰白色纵线，两侧灰黑色。雌蛛背甲显著隆起，深褐色，背甲中线前段有1列6～7根长刚毛伸向前方；腹背灰白色的纵行条斑宽而明显，直达腹部末端；生殖厣外面观似猫头形。卵囊近似圆块状，乳白色，比草间小黑蛛的卵囊略小，外裹的白丝也更稀疏。卵粒圆球形，初产时乳白色，后渐变淡黄色。每块卵囊平均含卵量也比草间小黑蛛稍少。

生活习性： 与草间小黑蛛生活习性相仿，也是浙江省稻田蜘蛛的常见种类。据浙江吴兴县田间调查，约占稻田中微蛛量的15%左右。

室内食虫能力观察，每天每头成蛛平均能食黑尾叶蝉成虫1头左右。

分布：江苏、浙江、江西、湖北、湖南、四川、广东。

球腹蛛科（Theridiidae）

3.八斑球腹蛛（*Theridion octomaculatum* Boes. et Str.）

形态特征：体长2～3mm。雄蛛背甲黄绿色，颈沟明显，背甲中窝后方有1黄褐色短纵条斑，但也有整个背甲中央有黑褐色纵行条斑的。前后两侧眼位于同一眼丘上。步足黄绿色。腹部长椭圆形；大多数个体灰白色，腹背通常有3对黑色斑点，纵向排成两行，第二对斑细小，与第三对斑接近；斑点变化颇大；部分个体腹背只有2对斑；或第二、第三对愈合成两块黑斑或成一块大黑斑位于后端；或少数个体第一对和第三对斑点各自愈合成两块大黑斑位于腹背前后两端，而腹背中央灰白色，其两侧有1对黑色小斑点；或极少数个体腹背呈黑褐色，无斑点。腹部的腹面前端两侧有1对黑色的三角形斑点。雌蛛头胸部淡黄色，颈沟明显。背甲中窝后方有1黄褐色纵斑；步足黄绿色；前后两侧眼位于同一眼丘上。腹部球形，个别长椭圆形，淡绿色，其上覆盖一层白蜡粉，个别灰褐色，大多数个体腹背有4对黑色斑点，纵向排成两列，故名八斑球腹蛛；少数也有3对、2对或1对黑色斑点的；极少数个体腹背斑点愈合成两块黑色叶状斑。生殖厣外观似蟹钳，两侧有一堆黑色的三角形斑点。

卵囊拖在雌蛛腹部末端，圆球形，白色，可从卵囊外面的白色薄膜透见卵粒，卵粒圆球形。每块卵囊平均含卵50粒左右。在植株间结不规则小网。

生活习性：八斑球腹蛛的爬行能力较弱，但能随丝飘离较远处，活动范围较广，水田、旱地、竹林、桑园等各种作物上都有发现。浙北田间1年发生至少3代，也是浙江省稻田蜘蛛中发生数量多的常见种类，约占稻田全年总蛛量的50%，以10月连作晚稻后期田间的发生数量最多，可占蜘蛛总数的70%。但据田间调查，它对浙江省第五代褐飞虱的控制作用不显著；室内饲养的食虫能力也小，1头成蛛每天平均食褐飞虱0.2头，最多食0.3头。

分布：江苏、浙江、湖北、湖南、江西、广东。

蟏蛸科（Tetragnathidae）

4.卵腹蟏蛸（*Tetragnatha shikokiana* Yaginuma）

别名：圆尾蟏蛸

形态特征：雌蛛体长8～9.3mm，雄蛛体长6～8.1mm。背甲和足淡褐色。背甲中窝前方有时可见V形暗色纹。中窝两侧有圆括号形黑褐缘。眼排成4-4两列，前列眼近于平直，长于后列眼，占据了整个头部前缘，前侧眼小，距前中眼较远；后列眼显著后曲；中眼域近于长方形。雌蛛螯肢长度略大于头胸部长度的一半；爪沟背缘近爪基处有1齿，朝近端方向隔开一段距离有齿1列，齿数5～6个；爪沟腹缘在远端有1齿，稍间隔有齿6个排成1列。腹部背面黄绿色，布有银白色鳞斑，中央为黑褐色的分枝纵行条纹，有的个体在背中段有1对小褐斑，由此斑向后各延伸1条宽的棕色条斑。腹部末端钝圆。

雄蛛螯肢的长度接近于头胸部的长度，背面外侧有1刺突，其端部钝圆或有1浅的凹陷，背面另有2齿，近螯爪的1齿基部较宽，长度与另1齿相仿；爪沟背缘有5个齿排成1列；爪沟腹缘在爪基有1隆起及2个三角形齿，另有5～6个齿排成1列。触肢的插入器顶端尖削，引导器顶端向内弯曲。

生活习性：该蛛常在水稻植株上部结车轮状水平网。早、晚大都在网上，晴天中午前后隐蔽在网附近的稻叶背面。静止时前两对足向后伸，后两对足向后伸，与身体成一直线。卵产在稻叶上部的正面。卵粒白色圆形，1头雌蛛1次可产50～80粒，产在一起组成一个卵巢，上盖一层白色蛛丝。卵腹蟏蛸靠张网捕虫，饵物以双翅目昆虫为主，其次为叶蝉和稻飞虱。据1976年10月室内试验，14h内在14.3℃条件下捕食褐飞虱1头，24～32℃条件下捕食5.2头左右。

分布：江苏、浙江、江西、湖北、湖南、广东。

131

5.锥腹蟏蛸 (*Tetragnatha japonica* Boes. et Str.)

别名： 日本蟏蛸、日本长脚蛛

形态特征： 雌蛛体长 8 ~ 10mm，雄蛛体长 5.8 ~ 8.2mm。眼排成 4-4 两列，前列眼显著后曲，后列眼基本平直或稍微后曲，两眼列长度相仿；前后侧眼接近。腹部细长，前端较宽，后端稍狭尖。背面花斑较明显，密布银色鳞斑，前端一般有 2 个黑褐色圆斑（有的不明显）；背正中有 1 条黑色纵行线，自此线向两侧发出数对斜的黑色线纹和 4 对隐约可见的黑褐色半月形斑，后端还有 2 个黑圆斑。腹部腹面灰褐色。纺绩突附近无银色椭圆斑。雄蛛个体体色稍淡，花斑不如雌蛛明显。雌蛛螯肢与头胸部等长或稍短；爪沟背缘近爪基有 1 齿，间隔一段距离有齿 1 列 9 个。生殖厣外观比较粗短，也有较长的，内部构造有受精囊 3 个，呈"品"字形排列。雄蛛螯肢背面的刺突向上前方弯曲，末端斜截；刺突基部远端部有 1 个小圆丘；爪沟背缘共有 7 ~ 9 个齿，第二齿最大。第一、二齿间隔最远；爪沟腹缘在近爪基处有暗色的短齿及锐齿各 1 个，近端有 1 列齿 9 ~ 11 个；螯爪基部有 1 小齿。触肢器的引导器末端如镰刀状，插入器的顶端与引导器相伴而行。

生活习性： 与卵腹蟏蛸的生活习性类似。除分布于稻田、茭白田、荸荠田、慈姑田外，也常分布于溪沟中，利用窄溪两侧杂草拉丝结网。据 1976 年 7 月观察，该蛛雌雄交配多在中午，交配一次约 2min 左右。在杭州，6 月中旬始见产卵，最后一次产卵在 10 月 10 日。产卵多在晚间进行，卵囊初产时为乳白色，随着卵的发育逐渐转为黄白色。卵历期在 6 月为 10 ~ 11d。幼蛛离开卵囊前，往往在卵囊两侧出现圆形或半圆形的空洞，从卵囊出来的先后可相隔 1d。幼蛛离开卵囊 2h 后就会结网。

分布： 江苏、浙江、江西、湖北、湖南。

6.鳞纹蟏蛸 (*Tetragnatha squamata* Korsch)

形态特征： 雌蛛体长 5.5 ~ 6mm。两眼列均后曲；前中眼间距小于前中侧眼间距，后列各眼间距相等；中眼区略成方形，前后侧眼彼此远离。螯肢短于头胸部，超过头胸部长度的一半，呈黄褐色；爪沟背缘有7齿，第一至四齿较大，后方的第五至七齿较小；爪沟腹缘有5齿，最后1小齿并列于爪沟背缘倒数第三、四齿之间。背甲的颈沟前至头部两侧后达中窝，将头部与胸部明显分开；背甲的近后缘有4条银色纵纹。胸甲淡褐色。步足黄褐色，有长刺。腹部椭圆形，全为黄绿色，活体呈鲜绿色，披银色鳞状斑。腹背中央有1纵带，前粗后细，由纵带向后分出3～4对"人"字形斜纹，第一对斜纹特别长，伸达体的两侧。

雄蛛体长4mm。腹部比雌蛛细而长，为长筒形；腹部背面前后端各有1块鲜艳的红色纵行长方形斑。螯爪基部背面有明显刺突；螯肢前端约1/4处有1角状刺突，末端不分叉；爪沟背缘有7齿，其中一至三齿间距大，几乎占了背缘齿堤的2/3，其余的逐渐变小。爪沟腹缘有7齿，其中前3个集中位于近螯爪的一端，其他4齿间距约等，最后1小齿并列于爪沟背缘倒数第五、六齿之间。触肢器的插入器比较粗而直，末端尖。引导器伴随插入器扭转，末端形如钩状。

分布：江苏、浙江、江西、湖北、湖南。

7.华丽蟏蛸 [*Tetragnatha nitens* (Audouin)]

形态特征：雌蛛体长9.5～10.2mm，雄蛛体长5.7～9mm。前列眼稍后曲，略长于后列眼，前侧眼小，离前中眼较远；后列眼基本上成一横列，各眼距离相等；中眼区的后边大于前边；前后侧眼的色素区呈水滴状，其尖端前后相对。最显著的特征是：雌蛛螯肢的爪基腹侧有1刺状隆起。爪沟背缘8个齿，前两个齿相距较远。腹侧在爪基有1齿，沿爪沟腹缘共10个齿。

雄蛛螯肢背侧远端的刺突末端分叉（个别标本分叉不明显）。其近端内侧有两个长度相仿的锐齿，爪沟背缘7～8个齿。第一、二两个齿间隔较远，并且第一齿向后弯曲，爪沟缘腹8～10个齿，第一齿最大，另在近爪基处有1较钝的齿。

分布：浙江、江西、湖北、湖南、广东。

园蛛科（Araneidae）

8.横纹金蛛 [*Argiope bruennichii*（Scopoli）]

形态特征：雌蛛体长15～22mm，雄蛛体长5.9mm。眼排成4-4两列，前后侧眼近接，中眼区近正方形。背甲颈沟明显；胸甲中央黄色，边缘黑色。雌蛛腹部背面黄色，有黑色横纹9条左右；腹部腹面两侧各有1条黄色纵纹，中央有1块长的黑色斑，斑上有3对近圆形的小黄斑；步足有黑色轮纹。雄蛛颜色不及雌蛛鲜艳，腹部的背面淡黄色，有数对浅灰色斑点，无横纹；背甲两侧缘各有1条明显的黑褐色斑；步足无黑色轮纹。

生活习性：在稻株上方或草丛中张垂直车轮状大圆网，网中央有锯齿状白色丝带，称为"隐藏带"，有物触网时，它即颤动。自梅雨季节起在田边活动最盛，8～9月成熟。卵囊似茧形，每个卵囊含卵几十粒至数百粒。1年发生1代，以卵囊越冬。

分布：吉林、辽宁、江苏、浙江、江西、湖北、湖南、广东。

9.叶斑园蛛（*Araneus sia* Strand）

别名：褐园蛛

形态特征：雌蛛体长6～7mm。雄蛛体长7mm。一般冬季个体较小，夏季稍大。头部深褐色，胸部黄褐色；步足灰褐色，有黑色轮纹。腹部卵圆形；腹背有明显的叶状斑，斑的两侧线条为黑色波状，斑中央部分颜色略浅，并有黑色斑点；腹部的腹面黑褐色，两侧有白线。雄蛛触肢器胫节较长，插入器边缘有1列小齿。

生活习性：在稻田张圆网，也在屋檐下、墙角结网，捕食双翅目、鳞翅目等多种害虫的成虫。以成蛛和亚成蛛在墙角或室内越冬。

分布：浙江、湖南。

10.黄褐新园蛛 [*Neoscona doenitzi*（Boes. et Str.）]

别名：夏秋金蛛

形态特征：雌蛛体长6.3～10mm。眼8只，排成4-4两列，前后两侧眼近接，中眼区呈倒梯形，前缘大于后缘。背甲黄褐色，中央及两侧均有黑色纵纹。胸甲黑色，有忽粗忽细的浅褐色纵纹。腹部卵圆形，背面黄色，前端有2个黑点，中部有2个弯曲的黑斑，后部有4条黑色横纹；腹部腹面中央黑褐色，两侧各有1条较宽的白色纵纹，末端有1对黄白色圆斑。

生活习性：该蛛在稻株间、甘蔗田张圆网捕食害虫。

分布：辽宁、江苏、浙江、江西、湖北、湖南、台湾。

狼蛛科（Lycosidae）

11.拟环纹豹蛛［*Lycosa pseudoannulata*（Boes. et Str.）］

别名：稻田狼蛛

形态特征：是稻田狼蛛中体型较大的一种，雌蛛体长10～12mm，雄蛛体长8～9mm。背甲中央纵斑淡黄棕色，前半段有两条短棒状纵斑，后半段中窝粗而长，两边有较宽的暗褐色侧斑，侧斑上有黑色斜沟，外侧淡黄褐色，靠近边缘黑色；但有些雄蛛个体背甲也有类似豹蛛的T形斑纹。胸甲色泽个体间差异较大。眼区黑褐色。腹背密生暗灰色和灰白色绒毛，大部分个体色泽较深，呈灰褐色，少数个体以及在秋季体色较淡；腹背中央从前到后，有6～7对黄色斑点，斑点中央有1小黑点，有些个体腹部体色很深，黄色仅隐约可见。步足粗长，有粗细相间的长毛，淡褐色，有淡的环纹。亚成蛛的背甲和腹背斑纹都比较清晰。

生活习性：在浙北地区，全年繁殖不完整两代。以成蛛或幼蛛越冬，越冬场所以向阳的田埂土缝和蚯蚓洞为主，也有的在翻耕过的冬种作物畦面的土块下、绿肥板田的稻茬基部缝隙等处。冬天气温转暖时，有少数成蛛出来游猎，寻找食物。卵囊球形略扁，直径平均5.2mm，厚度3.3mm；初产时墨绿色，后渐变灰褐色，赤道部有1灰白色环。每卵囊的卵数平均90粒，最多达160粒。据室内观察，在4月中旬至5月下旬平均温度20～23℃时，卵历期37d；在7～8月温度30℃时，11d。田间4月中旬已有少数成蛛开始产卵，第一次产卵盛期在6月上中旬，第二次在8月上中旬。到5月下旬卵囊开始孵化。幼蛛蜕皮6～7次后变为成蛛，历期80～90d。到8月第一代早批成蛛出现，交配产卵，交配时间多数30～40min。交配后的雄蛛常被雌蛛咬死吃掉。雌蛛交配一次，以后产下的多个卵囊均为有效卵。如将携附腹部末端的卵囊摘下，幼蛛即不能孵化爬出，卵囊常干瘪或发霉。但据黄岩农校饲养试验，卵囊摘离母体后，只要将卵囊剥开，卵粒仍能孵化，幼蛛也能正常发育为成蛛。未经交配的雌蛛虽能产卵，但卵囊携附腹部末端几天后，即干瘪被母蛛抛弃。初孵幼蛛会吐丝挂迁，但不结网。雌蛛等到幼蛛全部离体，隔数天（夏季隔3～4d）后，又产第二个卵囊，一生可产卵囊2～3个，少数能产5个，即死亡。由于产卵相隔时间长，所以田间蛛态不整齐。

稻苗封行后，该蛛从田埂边迁入稻田中的数量显著增多，活动于稻丛的中下部，从傍晚到清晨的一段时间里，常爬到水稻叶片上和稻穗上捕食害虫。人为追捕时，有时能很快潜入水下，暂时隐蔽。该蛛喜捕食稻纵卷叶螟、稻螟蛉、稻螟、萍螟、萍灰螟等多种中小型蛾子和叶蝉、飞虱成若虫，以及低龄黏虫和蝼蛄。据在嘉善县室内饲养观察，连续2～3d，平均每天捕食二、三龄黏虫7.6头，最多1头雌蛛1天能食15头；捕食黑尾叶蝉成虫平均每天6～6.5头，最多1头雌蛛1天能食15头。雄蛛的食量比雌蛛小。据观察其耐饥饿情况，在只供给水、不给食料的情况下，雄成蛛平均存活43.8d（29～49d）；雌成蛛平均存活53.1d（30～70d）。如不给食饵又不供给水，雌蛛平均只能存活2.7d，雄蛛6.3d。

分布：浙江、江苏、上海、湖北、四川、广东、广西、云南等省份。

12.拟水狼蛛 [*Pirata subpiraticus*（Boes. et Str.）]

形态特征：雌蛛体长6.2～7.5mm，雄蛛4.5～6.2mm。背甲黄褐色，有V形褐色斑（这是水狼蛛属的共同特征），两侧各有两行纵斑，两纵斑之间界线不很清楚，中窝赤褐色。胸甲黄色，边缘褐色。眼区有较长的毛。腹部背面淡褐色或黄褐色，有黄色心脏形斑，两侧散布黑点。生殖厣为2个弧形突片，其边缘是一条深红色的带，但有些个体的一侧或两侧边缘深色带向内凹入，而留出一色素较淡的区域。

生活习性：全年繁殖不完整两代。以成蛛、幼蛛越冬，幼蛛占多数。越冬场所主要在向阳的田埂土缝、绿肥田稻茬基部及冬耕田的土块下。成蛛和幼蛛均会吐丝。越冬代蜘蛛从5月中旬开始产卵，第一次产卵盛期在6月底到7月初，第二次在8月下旬到9月中旬，卵历期在平均温度为22℃时为20d左右，24.4℃时为15d。卵囊灰白色，近球形略扁，表面比较粗糙，可透见卵粒，直径2.2mm，厚2mm，平均有卵36.7粒（18～64粒）。雌蛛待幼蛛全部离体后，隔5～10d再产第二个卵囊，一生产卵囊2～3个，少数产4个。如摘下携带在雌蛛腹部的卵巢，幼蛛就不能孵出。据室内饲养，该蛛能孤雌生殖，成蛛不经交配可产卵并正常孵出幼蛛。该蛛主要在稻丛下部活动，会吐丝结网，常在稻丛基部株间结乱丝网窝。田间放水烤搁田后，在土壤裂缝近表面做小网，或在牛毛草间结平面小网，蛛伏网内。主要捕食叶蝉、飞虱等害虫，捕食量比拟环狼蛛小。据在嘉善县室内饲养，6～7月平均每头雌蛛每天捕食黑尾叶蝉成虫2～3头，最多9头；雄蛛食量小，每天捕食2头以下，最多1d食5头。根据室内耐饥饿饲养观察，只供给水、不给食饵的情况下，平均存活48.8d，如食料、水均不供给，平均只能存活3.2d。

分布：江苏、浙江、湖北、湖南。

盗蛛科（Pisauridae）

13.兴起狡蛛（*Dolomedes insurgeus* Chambrlin）

形态特征：雄蛛体长16～18mm，雌蛛18～20mm。全体黄褐色。眼8只，排成4-4两列，均后曲；中眼区长略大于宽；后侧眼最大，前中侧眼最小。背甲边缘白色。体背中央有宽阔的深褐色纵条，两侧还有一条自背甲直达腹部末端的白条；纵条宽度是侧方白条的4倍，白条在腹部后方不连接。腹部背面另有灰白色圆形斑点6对；腹面黄白色，有黑色点条2对，内侧一对不明显。

生活习性：1年发生1代，以幼蛛在山坎多年生草丛间或石隙下越冬。翌年6月开始交配产卵，7~8月为产卵盛期，9月中旬以后停止产卵。雌蛛产卵前，吐丝将十几片甚至几十片稻叶缀合一处，搭成"产室"，在其内产卵。卵囊球形，直径12~16cm，由蛛丝交织而成，质地较厚，最外一层黄褐色。雌蛛一般产卵2次，第一次产的卵囊含卵量最大，一般可达2 100~2 300粒，第二次仅数百粒，故卵囊外形显著比第一次细小。产卵后的雌蛛，以口器紧衔卵囊并躲在"产室"内直至孵化，在此期间雌蛛一般停止外出取食。卵粒孵化后，初孵幼蛛在卵囊内经过3~4d的逗留期，由蛛丝连着成串状涌出卵囊，先在附近植株上缠集一处，群聚4~5d后才单独分散各处。

生活习性：该蛛常见于山区或半山区山麓稻田。田间发生数量不多，仅占田间植株发生总量的1%以下，但食量大食性残暴，在山区或半山区仍属重要种类之一。主要捕食蝗虫、稻纵卷叶螟、稻螟蛉、稻苞虫、黑尾叶蝉、飞虱等成虫以及其他多种昆虫。

分布：浙江各地。

14.狭条狡蛛（*Dolomedes hercules* Boes. et Str.）

形态特征：体长14~20mm或以上。全体淡黄色至黄褐色。眼8只，排成4-4两列，前列眼细小，稍微后曲；后列眼大，后曲，但不如狼蛛那样后曲。颈沟和辐射沟明显，呈"非"字形。体背中央有1深褐色纵条，自背甲直达腹部末端，其宽度比兴起狡蛛狭，是侧方白色纵条的2倍或不到2倍；侧方白条在腹部末端连接。

生活习性：与兴起狡蛛相似。

分布：浙江。

猫蛛科（Oxyopidae）

15.斜纹猫蛛（*Oxyopes sertatus* L. Koch）

别名：宽条猫蛛、山猫蛛

形态特征：雄蛛体长8～9mm，雌蛛10mm。头部甚高，前缘垂直。前列眼强烈后曲，后列眼强烈前曲，排成4列（2-2-2-2）；前中眼最小，后3对眼较大。螯肢爪小；前齿堤有2齿，后齿堤有1齿。从眼区到螯肢背面有1对纵行黑纹。背甲草绿色至淡黄褐色，背甲中央后侧方有由黑毛构成的纵斑。下颚与下唇均长。腹部较窄长，后端较尖。腹部背面前方中央有黄褐色纵斑，后方有2条黄色纵纹，两侧有4对黄褐色斜纹。腹面有白色细毛，中央有阔的黑色直达末端，黑色中央色较淡。步足草绿色，自胫节以下为淡黄褐色；足上长有许多黑色长刺。纺绩突黄色，瘦长可见。

生活习性：1年发生1代，以幼蛛在向阳温暖的山麓杂草、石隙下越冬，当气温达9～12℃时，仍可外出取食。行动敏捷似猫，故名"喜高燥"。在室内饲养条件下，喜光性强，冬季耐饥饿和抗低温能力都较强。春季幼蛛隐伏在植株上蜕皮，据饲养观察，4～7月蜕皮间隔期最少8d，最多55d，平均24.5d。刚蜕皮的幼蛛嫩绿色。雌雄成蛛交配一般在上午9时至下午1时。雌蛛经一次交配，能多次产卵，产卵均在夜间。雌蛛6月下旬开始产卵，7月为产卵盛期，9月底基本停止。一般产于水稻叶片的中、上部。卵囊白色，每个卵囊内含球形卵30～100余粒，一般就60～70粒，米黄色。产卵后的雌蛛守伏在卵囊上，8月从产卵到幼蛛离开卵囊需14d左右。初孵幼蛛在卵囊内逗留约6～7d，此期间头胸部及足乳白色，眼红褐色，腹部淡黄色，步足胫节以上乳白色，生有白色刺。胫节以下淡黄绿色。幼蛛爬离卵囊后，在卵囊残存处附近停留1～2d后，即分散远离。雄蛛寿命比雌蛛短些，7月下旬就开始自然死亡；雌蛛则到8月下旬才开始自然死亡，据温岭饲养观察，1977年9月下旬雌蛛自然死亡率为63.4%。

该蜘蛛食性广，食量大，主要捕食黑尾叶蝉、飞虱以及螟虫、稻纵卷叶螟的幼虫、蚊、蝇等。据5月上旬在罩有口径5cm桅灯罩的盆栽稻上测定，每罩养蛛3头，每天保持黑尾叶蝉成虫15头，每头蜘蛛每天最高捕食量为3.57头，平均2.33头。该蜘蛛在山区、半山区的山麓稻田或山地杂草间较常见，是山区稻田的常见蜘蛛之一。

分布：北京、辽宁、江苏、浙江、江西、湖北、湖南、福建。

管巢蛛科（Clubionidae）

16.粽管巢蛛（*Clubiona japonicola* Boes. et Str.）

别名：卷叶刺足蛛、拟日本管巢蛛，也有误写成日本管巢蛛的。

形态特征：雌蛛体长5.5～9.0mm。背甲黄褐色，头端赤褐色，纵向的中窝明显，红棕色。眼2列，前列眼基本上平直或稍后曲，后列眼较宽，前曲。螯肢发达，前后齿堤各有4～5齿，螯肢和下唇均为深褐色，下颚赤褐色。胸甲黄色。步足腿节背面的刺在第一、第二对足各有4根，第三、第四对足各有5根；以第四对足最长。腹部橙黄色或带灰褐色；心脏斑红棕色，活着的成蛛不很明显，当浸入酒精后或饥饿状态很快显现；雌蛛腹部大小在产卵前后相差颇大。

雄蛛体长5.5～6.4mm。触肢胫节末端有2个突起；上突起位于背侧，色泽较深，它的背缘有一隆起，又内缘有2个大小不等的锯齿；下突起较细，色淡，其上缘有2个锯齿。

生活习性：母蛛产卵时，把禾本科植物的叶片折叠成三角粽子形的叶苞作为产室，故名"粽管巢蛛"。叶苞与稻螟蛉化蛹时所做的苞相似，只是形状较大（在水稻上的长约20mm，在茭白上的可达27mm），也不咬断落于水面。稻叶上还有一种外由蛛丝紧绕、长约8mm的小粽苞，是四点小金蛛所结，不属本种；此外，把茭白叶卷绕呈苞的，是活泼红螯蛛，也不是本种。每产室内只有1个卵囊，5月中旬在浙江丽水茭白上调查，每囊平均有卵85.0（60～131）粒；8月在黄岩调查，平均有卵87.7（60～104）粒；宋大祥在嘉善调查，65～67粒。每年发生几代尚不明，至少5月下旬和8月下旬见有大量幼蛛孵出，8月下旬卵期为6～7d。初孵幼蛛淡黄色，体上生有许多灰色长毛，体长约1.4mm。稻田中的成蛛、亚成蛛及较成长的幼蛛，一般在水稻叶面上用蛛丝织一个扁的网膜，网膜两端开口，稻叶微卷，蛛藏身网膜内，稍加触动，即从开口处跳出逃走。网膜内一般只有一头蜘蛛，有时可见一头性成熟的雄蛛和一头性尚未成熟的雌蛛在一起。在稻田主要捕食稻飞虱及黑尾叶蝉，每天捕食量可达8头，也可钻入虫苞内捕食稻纵卷叶螟及稻苞虫幼虫。棉田中的棕管巢蛛多见于棉株的叶苞内。越冬情况，据浙江嘉兴地区农科所在嘉善县调查，平原稻区的棕管巢蛛主要在翻耕过的土块下及稻桩基部越冬；杭州学军中学在山区调查，普遍在稻田附近的树皮下、树洞里和天牛等害虫的洞穴中越冬。越冬虫态多数为成蛛或亚成蛛，单个伏在自身结在薄层丝囊中。

分布：浙江。据记载，北京、吉林、辽宁、江苏、上海、江西、湖北、湖南、四川、台湾、福建、广东等省份也有分布。

蟹蛛科（Thomisidae）

17.三突花蛛 [*Misumenops tricuspidata*（Fabricius）]

别名：稻绿蟹蛛。

形态特征：雌蛛体长4.5 ~ 6mm；雄蛛体长约4mm，体色常随生活环境而变，有绿、黄、白色。背甲两侧各有1条深棕色纵带。8眼排成4-4两列，均后曲，后列宽于前列；前侧眼较大，各眼均位于眼丘上，前后两侧眼丘靠近。腹部梨形，前窄后宽，后侧常有紫红色斑纹。第一、二对足显著长于第三、四对足；步足末端有2爪，各爪内缘有3 ~ 4个齿。生殖厣比较简单，圆环形。雄蛛前两步足的膝节、胫节、蹠节、跗节后端颜色较深。触肢短小而圆，末端交配器像一个圆镜，其一侧边缘有3个突起，故名三突花蛛。

生活习性：1年发生不完全2代，以亚成蛛和幼蛛在蔬菜、麦苗、油菜和蚕豆等冬作物上越冬，气温4℃以下不活动，6℃以上能爬行捕食。3 ~ 4月间多活动在油菜、蚕豆等作物的上中部茎叶上，菜、豆开花后就隐伏花丛间。4月上旬，越冬亚成蛛蜕皮变为成蛛，5月中旬开始产卵；越冬幼蛛于6月上旬变为成蛛，7月上旬开始产卵。卵产在稻株上部叶片上，用蛛丝把叶片拉折成三角形，卵产在里面。母蛛产卵后就匍匐在卵囊上而不再巡游活动，幼蛛孵出后母蛛才离开卵囊，隔7～9d又产卵一次。每个卵囊内有卵7～87粒，平均46粒。产卵前期最短15d，最长44d，平均30.5d。产卵间隔期：8月上旬以前15～17d，8月下旬以后各为26d。卵期：5月中下旬16d（20.1℃），6月间10～12d（23.7℃），7月上旬至8月上旬6～8d（28.3℃），8月下旬9～10d（27.2℃），9月中下旬17～28d（20.2℃）。

幼蛛孵出后至爬离卵囊时间：5月间约隔8d，6～8月隔6～7d，9月隔8～9d,10月以后隔10d以上。幼蛛共蜕皮5～6次。幼蛛期：5月下旬孵化的为65～73d，6月上中旬孵化的为48～59d，9月上旬孵化的为274～277d。成蛛寿命36～73d，平均57.1d。

每头成蛛平均每天能捕食黑尾叶蝉成虫1.2头。4月中旬一头亚成蛛平均每天能捕食麦蚜6.5头。

分布：吉林、辽宁、江苏、浙江、湖北、湖南。

18.白条锯足蛛（*Runcinia albostriata* Boes. et Str.）

形态特征：雌蛛体长5.6mm。眼8只排成4-4两列；眼丘白色，眼黑色；前侧眼比前中眼大，前列眼短于后列眼；中眼区呈梯形，眼区有横行的白条。背甲黄褐色，两侧有褐色纵纹，中央有纵行白色条纹，前端与眼区白条相连，形成T形。背甲后缘也有1浅白色横条。第一、二对步足较大，其胫节及蹠节下面有许多成对黑褐色刺，形成明显的锯状齿，第三、四对足较短，无锯状齿。腹部背面中央黄白色，有1对明显褐色点。腹面中央浅褐色，有5对深褐色小点，两侧深褐色。

生活习性：该蜘蛛在稻田数量较少，属徘徊性蜘蛛。

分布：浙江、江苏。

19.鞍形花蟹蛛（*Xysticus ephippiatus* Simon）

形态特征：雌蛛体长5.8～6.5mm。眼排成4-4两列，均后曲；眼的周围尤其是侧眼丘部位呈白色，两前侧眼之间有1条白色横带，穿过中眼区；中眼小于侧眼，两侧眼丘愈合；前中眼距大于前中侧眼距，后列诸眼间距约相等；中眼区基本上呈方形，但前中眼距略大于后中眼距。额高，略大于前中眼间距之半。额缘有8根长刚毛排成一列。背甲两侧有红棕色的纵形宽纹；背甲的长度和宽度相近；无颈沟及放射沟。下唇长大于宽；下唇和颚叶的末端带青灰色。胸甲盾形，前缘宽而略后凹，后端尖。第一、二对步足较长而粗壮，色泽也较后两对足深，有黄白色斑点；第一步足腿节的前侧有3或4根粗刺。腹部的长度略大于宽度，后半部较宽，后端圆形；腹部的背面有黄白色条纹及红棕色斑纹。

雄蛛背甲深红棕色。第一、二步足较细长，腿节和膝节深棕色，与雌蛛有明显的区别。腹部背面有红棕色的斑纹。从腹面看，胸甲、各足的基节、腹部的腹面也为红棕色。

分布：北京、吉林、辽宁、山西、甘肃、江苏、浙江、江西、湖北、湖南。

跳蛛科（Salticidae）

20.纵条蝇狮［*Marpissa magister*（Karsch）］

形态特征：雌蛛体长10mm，雄蛛体长7~8mm。眼8只，黑色，排成4-2-2三列。第一列4眼位于额的前方，两中眼最大，两侧眼次之。第二列和第三列各为2眼，第二列两眼最小。身体和步足均粗短，第一对步足特别发达，伸向前方，其他3对步足较小。

纵条蝇狮为明显的雌雄两型蜘蛛。雄蛛背甲和腹背均黑色，螯肢黑色，步足赤褐色。雌蛛背甲褐色，眼区颜色较深；螯肢和步足黄褐色；腹部黄白色，背面有2条黑褐色纵纹，直达腹部末端。

生活习性：该蛛不结网，善跳跃。常徘徊于稻叶上猎食多种害虫。

分布：江苏、浙江、江西、湖北、湖南。

漏斗网蛛科（Agelenidae）

21.机敏漏斗蛛（*Agelena difficilis* Fox）

形态特征：体长10~12mm，青紫色至暗红褐色。前列眼略前曲，后列眼显著前曲；前侧眼和后侧眼紧靠；前侧眼较其他眼小。背甲前端高隆，自后中眼和后侧眼向后各有1条黑纹。颈沟明显，背甲似有"非"字形斑，背甲边缘黑色。螯肢棕色，体表有羽状毛。步足各节密生黑色细毛，间有粗毛；跗节的黑毛越近基跗节越长；胫节和跗节上有宽的黑褐色环纹。腹背前端有2条褐纹，中央有1条隐约可见的纵带，中后部有5个"八"字纹褐斑。生殖厣黑色，生殖孔位于正中，扁圆形。

生活习性：1年发生1代，以成蛛在山边草丛、茶丛等灌木丛的中下部漏斗网中用枯叶做巢越冬。翌年5月常迁入山麓稻田，在稻丛上、中部结漏斗网捕虫；蛛体平常潜居于漏斗网的尖细缢口处。雌雄成蛛一般在9～13时交配，夜间产卵。雌蛛每次产卵囊1个，白色，内含卵约30粒，淡黄色。每头雌蛛可产卵6～9次。4～6月为产卵盛期，7月以后产卵量明显下降，8～9月后产的卵一般不会孵化，9月中旬后产卵终止。

该蜘蛛主要捕食黑尾叶蝉、飞虱以及螟虫、稻纵卷叶螟等鳞翅目害虫的成虫或幼虫等。据温岭县9～10月室内饲养，平均每头成蛛每天可捕食稻飞虱成虫或高龄若虫2.5头，最高5.4头。

分布：浙江。

其他稻纵卷叶螟天敌图片：

附图7-11　凹头小蜂属的一种　　附图7-12　分盾细蜂科的一种
（*Antrocephalus* sp.）　　　　　（*Aphanogmus fijiensis*）

附图7-13 菲岛横纹长体茧蜂（*Aulacocentrum philippinensis*）

附图7-14 大腿小蜂属的一种（*Brachymeria* sp.）

附图7-15 茧蜂属的一种（*Bracon* sp.）

附图7-16 菲岛黑蜂（*Ceraphron manilae*）

附图7-17 横带折脉茧蜂（*Cardiochiles philippinensis*）

附图7-18　分盾细蜂科的一种
（*Ceraphron* sp.）

附图7-19　短翅悬茧姬蜂（*Charops brachypterum*）

附图7-20　多胚跳小蜂属的一种
（*Copidosoma* sp.）

附图7-21　螟克角胚跳小蜂（*Copidosomopsis nacoleiae*）

附图7-22　短角扁股小蜂（*Elasmus brevicornis*）

附图7-23　扁股小蜂属的一种（*Elasmus claripennis*）

附图7-24　扁股小蜂属的一种（*Elasmus* sp.）

附图7-25　中华钝唇姬蜂（*Eriborus sinicus*）

附图7-26　稻纵卷叶螟广肩小蜂（*Eurytoma* sp.）

附图7-27　棱角肿腿蜂属的一种
（ *Goniozus* nr. *triangulifer* ）

附图7-28　蛆症异蚤蝇（ *Megaselia scalaris* ）

附图7-29　异蚤蝇属的一种
（ *Megaselia* sp. ）

附图7-30　潜蝇茧蜂属的一种
（ *Opius barrioni* ）

附图7-31　螟蛉狭面姬小蜂（ *Stenome-sius* nr. *tabashii* ）

附图7-32 等腹黑卵蜂（*Telenomus dignus*）

附图7-33 三化螟抱缘姬蜂（*Temelucha stangli*）

附图7-34 啮小蜂属的一种（*Tetrastichus* sp.）

附图7-35 稻苞虫金小蜂（*Trichomalopsis apanteloctena*）

附图7-36 纵卷叶螟小毛眼姬蜂（*Trichomma cnaphalocrosis*）

附图7-37 无斑黑点瘤姬蜂（*Xanthopimpla flavolineata*）

主要参考文献

白先达, 黄超艳, 唐广田, 等, 2010. 气象条件对稻纵卷叶螟迁飞的影响分析. 中国农学通报, 26(21): 262-267.

卜锋, 包志军, 徐优良, 等, 2012. 稻纵卷叶螟测报技术改进探讨. 中国植保导刊, 32(7): 42-45.

蔡国梁, 2006. 稻纵卷叶螟连年大发生的原因及防治对策. 中国稻米 (2): 49-50.

常晓丽, 武向文, 杜兴彬, 等, 2013. 黄色诱虫板测报和防控稻纵卷叶螟的效果评价. 中国农业科学, 46(13): 2677-2684.

陈仕高, 2007. 不同天气等条件下稻纵卷叶螟田间赶蛾时间探讨. 中国植保导刊, 27(8): 37.

陈莉莉, 顾国伟, 应小军, 等, 2014. 球孢白僵菌对水稻稻纵卷叶螟的防效. 浙江农业科学 (9): 1411.

陈丽玲, 2005. 2004 年泉州市双晚稻纵卷叶螟大发生. 中国植保导刊(4): 39-40.

陈先明, 1988. 水稻瘤野螟交尾行为与性费洛蒙之关系. 台北: 国立中兴大学.

程家安, 1996. 水稻害虫. 北京: 中国农业出版社.

程忠方, 1984. 纵卷叶螟绒茧蜂生物学研究. 昆虫天敌, 6(2): 71-80.

杜永均, 郭荣, 韩清瑞, 2013. 利用昆虫性信息素防治水稻二化螟和稻纵卷叶螟应用技术. 中国植保导刊, 33(11):40-42.

方源松, 廖怀建, 钱秋, 等, 2013. 温湿度对稻纵卷叶螟卵的联合作用. 昆虫学报, 56(7): 786-791.

费惠新, 韦永保, 张孝羲, 1992. 稻纵卷叶螟绒茧蜂种群消长规律及其模拟规律研究. 生物防治通报 (1): 46-47.

高小文, 吴铭忻, 孙剑华, 等, 2012. 短稳杆菌对稻纵卷叶螟杀虫效果和技术综

述 . 农药科学与管理, 33(6): 43-45.

高月波, 陈晓, 陈钟荣, 等, 2008. 稻纵卷叶螟(*Cnaphalocrocis medinalis*)迁飞的多普勒昆虫雷达观测及动态 . 生态学报, 28(11): 5238-5247.

戈林泉, 王芳, 吴进才, 2013. 不同水稻品种对稻纵卷叶螟耐虫性的研究 . 扬州大学学报(农业与生命科学版), 34(4): 84-88.

戈林泉, 王芳, 吴进才, 2014. 2种选择性农药的使用对稻纵卷叶螟产卵及生理生化的影响 . 江苏农业科学, 42(1): 102-105.

关瑞峰, 姚文辉, 王茂明, 等, 2008. 水稻迁飞性害虫卵巢解剖及虫源性质分析 . 福建农业科技, 3: 30-32.

郭荣, 韩梅, 束放, 2013. 减少稻田用药的病虫害绿色防控策略与措施 . 中国植保导刊, 33(10): 38-41.

郭文卿, 杨亚军, 徐健, 等, 2013. 稻纵卷叶螟幼虫对不同氮、糖含量人工饲料的营养消耗和利用 . 应用昆虫学报, 50(3): 629-634.

韩海亮, 杨亚军, 包斐, 等, 2013. 两种转Bt基因水稻品系在浙江田间的靶标抗性及其非靶标影响 . 浙江农业学报, 25(6): 1304-1308.

韩志民, 张蕾, 潘攀, 等, 2012. 2010年仪征市稻纵卷叶螟第三、四代发生动态及虫源性质 . 植物保护, 38(3):44-49.

何俊华, 陈学新, 马云, 2000. 昆虫纲　第十八卷　膜翅目茧蜂科(一). 北京: 科学出版社 .

何俊华, 1984. 中国水稻害虫的姬蜂科寄生蜂(膜翅目) 名录 . 浙江农业大学学报, 10(1): 77-110.

胡本进, 李昌春, 石立, 等, 2008. 几种药剂对稻纵卷叶螟的毒力测定 . 安徽农业科学, 36(12): 5064-5068.

胡国文, 陈忠孝, 刘光杰, 等, 1993. 杂交晚稻对稻纵卷叶螟为害的动态补偿模型 . 中国农业科学, 26(2): 24-29.

胡远扬, 刘年翠, 1982. 两种病毒混合感染稻纵卷叶螟及其形态发生 . 武汉大学学报(自然科学版), 4: 101-109, 125-128.

黄学飞, 张孝羲, 翟保平, 2010. 交配对稻纵卷叶螟飞行能力及再迁飞能力的影响 . 南京农业大学学报, 33(5): 23-28.

黄志农, 张玉烛, 朱国奇, 等, 2012. 稻螟赤眼蜂防控稻纵卷叶螟和二化螟的效果评价.江西农业学报, 24(5): 37-40.

蒋春先, 齐会会, 杨秀丽, 等, 2011. 稻纵卷叶螟种群动态变化的探照灯诱虫器监测. 植物保护学报, 38(3): 193-201.

江苏徐州地区农科所, 1980. 水稻品种对稻纵卷叶螟抗性的观察. 植物保护, 6(4): 20-21.

金德锐, 1984. 水稻对稻纵卷叶螟危害补偿作用的测定. 植物保护学报, 11(1):1-7.

雷妍圆, 韦秉兴, 李卫国, 等, 2008. 稻纵卷叶螟4种产卵装置的采卵效果比较. 广西植保, 21(1): 1-3.

李马谅, 1995. 水稻对稻纵卷叶螟抗性的研究进展. 福建稻麦科技, 13(2):56- 58.

梁伟群, 丘思娟, 2007. 佳多灯在测报应用中出现熄灯原因分析及技术改进意见. 中国植保导刊, 27(1): 36-37.

梁载林, 齐国君, 张孝羲, 等, 2009. 2008年永福县早稻田稻纵卷叶螟发生动态及虫源性质. 应用昆虫学报, 46(3): 394-398.

廖怀建, 黄建荣, 刘向东, 2012. 利用玉米苗饲养稻纵卷叶螟的方法. 应用昆虫学报, 49(4): 1078-1082.

林秀秀, 金道超, 陈祥盛, 2012. 稻纵卷叶螟抗药性研究进展. 湖北农业科学, 51(3): 437-440.

刘芳, 2007. 选择性农药诱导稻纵卷叶螟再猖獗及品种抗虫性研究. 扬州: 扬州大学.

刘琴, 徐健, 王艳, 等, 2013. CmGV与Bt对稻纵卷叶螟幼虫的协同作用研究. 扬州大学学报(农业与生命科学版), 34(4): 89-93.

刘学儒, 吴永方, 杨进, 等, 2010. 六(4)代稻纵卷叶螟对水稻产量的影响及其防治指标研究. 安徽农业科学, 38(15): 7891-7892.

刘宇, 王建强, 冯晓东, 等, 2008. 2007年全国稻纵卷叶螟发生实况分析与2008年发生趋势预测. 中国植保导刊, 28(7): 33-35.

龙丽萍, 邓业诚, 林明珍, 等, 1996. 稻纵卷叶螟对几种杀虫剂敏感性研究. 广西农业科学, 5: 240-242.

卢鹏, 李建洪, 张智科, 等, 2009. 湖北省水稻稻纵卷叶螟的抗药性监测. 湖北植保 (4): 14-15.

陆自强, 朱健, 马飞, 1981. 稻纵卷叶螟生理日节律研究初报. 扬州大学学报(农业与生命科学版)(4): 196-199.

吕仲贤, 陈桂华, 香广伦, 等, 2008. 提高稻田寄生蜂控制稻飞虱、稻纵卷叶螟能力的方法. 中国: ZL2008100598429. 2008-08-06.

吕仲贤, 徐红星, 陈桂华, 等, 2010. 一种田间连续大量繁殖稻纵卷叶螟的方法. 中国: 2010105370238. 2011-03-06.

马世骏, 1983. 生态工程——生态系统原理的应用. 生态学杂志, 2(3): 20-22.

马云, 陈学新, 何俊华, 2002. 寄生于稻纵卷叶螟的二种折脉茧蜂. 昆虫分类学报, 24(4): 273-275.

农业部全国植物保护总站, 农业部区划局, 浙江农业大学植物保护系, 1991. 中国水稻害虫天敌名录. 北京: 科学出版社.

潘学贤, 汪远宏, 1984. 稻显纹纵卷叶螟的发生规律研究. 昆虫知识(3): 106-110.

庞义, 赖涌流, 刘炬, 等, 1981. 稻纵卷叶螟幼虫颗粒体病毒. 微生物学通报, 21(3): 743-748.

彭忠魁, 1982. 水稻品种对稻纵卷叶螟抗性的田间鉴定. 昆虫知识, 19(2):1-3.

阮仁超, 陈惠查, 张再兴, 等, 2000. 贵州地方稻种资源遗传多样性研究和利用的现状与展望. 云南植物研究(增刊XII):134-138.

沈斌斌, 2005. 贺氏菱头蛛和食虫沟瘤蛛对稻纵卷叶螟和稻褐飞虱的捕食作用研究. 蛛形学报, 14(2): 112-117.

沈建新, 张小来, 王乃庭, 等, 2008. 稻纵卷叶螟危害损失率剪叶模拟试验. 植物保护, 34(4): 161-163.

苏建坤, 褚柏, 陈伟民, 2003. 稻纵卷叶螟抗药性测定方法初探及抗性监测. 上海农业学报, 19(4): 81-84.

孙贝贝, 张蕾, 江幸福, 等, 2013. 成虫期温度对稻纵卷叶螟生殖特性的影响. 应用昆虫学报, 50(3): 622-628.

汤明强, 2015. 不同耕作制度下稻纵卷叶螟发生为害特点及其防控对策探讨. 中国植保导刊, 35(1): 29-31.

唐博, 贤振华, 2008. 稻纵卷叶螟发生动态及防治技术研究进展. 广西植保, 21(4): 24-26.

唐振华, 1993.昆虫抗药性及其治理.北京:农业出版社.

唐振华, 2000.我国昆虫抗药性研究的现状及展望.昆虫知识, 37(2): 97-103.

田卉, 2013.重庆稻区主栽水稻品种对稻纵卷叶螟的抗性评价及防治指标研究.重庆:西南大学.

王东贵,周尚峰,杨爱梅,等, 2005.生物农药(BT)苏得利在水稻无害化治理技术中的应用.植物医生, 18(2): 14-15.

王芳,吴进才, 2008.2种选择性农药刺激稻纵卷叶螟产卵的研究.安徽农业科学, 36(26):11437-11438.

王凤英,张孝羲,翟保平, 2010.稻纵卷叶螟的飞行和再迁飞能力.昆虫学报, 53(11): 1265-1272.

王国荣,韩尧平,黄福旦,等, 2016.不同药剂防治单季晚稻稻纵卷叶螟的效果分析.中国稻米, 22(4): 105-106.

王亓翔,许路,吴进才, 2008.水稻品种对稻纵卷叶螟抗性的物理及生化机制.昆虫学报, 51(12): 1265-1270.

王世玉,汤雨洁,任淼淼,等, 2016.稻纵卷叶螟杀虫剂敏感基线的建立与抗药性监测.南京农业大学学报, 39(3): 402-407.

王业成,张树坤,任秀贝,等, 2013.稻纵卷叶螟人工饲料配方的优化研究.应用昆虫学报, 50(3): 635-640.

峗薇,杨茂发,安建超,等, 2010.不同水稻品种对稻纵卷叶螟的抗耐性.贵州农业科学, 38(2): 85-88.

温治尧, 1983.稻显纹纵卷叶螟性诱剂的田间应用研究.昆虫知识(4): 145-148.

吴进才, 1985.光照、温度及食物的变化对稻纵卷叶螟迁飞的效应.昆虫学报, 28(4): 398-405.

吴惠龙,梁广文,庞雄飞, 1986.不同措施对稻纵卷叶螟防治效果的评价.华南农业大学学报, 7: 7-16.

吴降星,郑许松,周光华,等, 2013.不同生育期剪叶对水稻生长、产量及生理的影响.应用昆虫学报, 50(3): 651-658.

谢绍兴,周文杰, 2014.稻螟赤眼蜂防治稻纵卷叶螟效果的研究.农业与技术, 34(8): 106.

谢叶荷,方春华, 2015.不同氮肥施用水平对稻纵卷叶螟发生程度的评价.现代

农业科技 (11): 146-150.

徐丽君, 邵益栋, 汤露萍, 等, 2013. 性信息素诱集法与赶蛾法监测稻纵卷叶螟比较研究. 现代农业科技 (2): 126-127, 130.

许燎原, 赵丽稳, 刘桂良, 等, 2016. 赤眼蜂种类与释放数量对稻纵卷叶螟防治效果的影响. 中国植保导刊, 36(8): 37-40.

徐玉峰, 杨新宇, 徐洁, 等, 2010. 性诱剂诱集稻纵卷叶螟效果试验. 现代农业科技 (3): 170, 172.

徐杨洋, 李霞, 陈法军, 等, 2013. 水稻叶片全营养成分分析及在稻纵卷叶螟人工饲料研制中的应用. 应用昆虫学报, 50(3): 641-650.

薛俊杰, 刘芹轩, 1987. 水稻品种对稻纵卷叶螟的抗性鉴定. 植物保护学报, 14(1): 21-27.

杨廉伟, 陈将赞, 杨坚伟, 等, 2007. 不同施氮量对单季稻病虫发生的影响. 中国稻米, 4: 65-66.

杨普云, 赵中华, 2012. 农作物病虫害绿色防控技术指南. 北京: 中国农业出版社.

杨士杰, 2005. 药用野生稻杂交后代对稻纵卷叶螟的抗性. 安徽农业科学, 33(4): 570.

杨亚军, 徐红星, 郑许松, 等, 2015. 中国水稻稻纵卷叶螟防控技术进展. 植物保护学报, 42(5): 691-701.

姚士桐, 金周浩, 陆志杰, 等, 2012. 诱捕器设置高度对稻纵卷叶螟成虫监测效果的影响. 中国植保导刊, 32(5): 48-49.

姚士桐, 吴降星, 郑永利, 等, 2011. 稻纵卷叶螟性信息素在其种群监测上的应用. 昆虫学报, 54(4): 490-494.

赵善欢, 1993. 昆虫毒理学. 北京: 农业出版社.

张桂芬, 鲁战涛, 申益诚, 等, 1995. 栽插密度和施氮量对水稻主要病虫害的综合生态效应. 植物保护学报, 22(1): 38-44.

张启发, 2005. 绿色超级稻培育的设想. 分子植物育种, 3(5): 601-602.

张仁, 2012. 人工释放赤眼蜂防治水稻稻纵卷叶螟试验. 福建稻麦科技, 30(2): 53-54.

张珊, 贾茜雯, 孙士锋, 等, 2014. 一株稻纵卷叶螟颗粒体病毒的系统发育分析和流行病学调查.环境昆虫学报, 36(5): 756-762.

张舒, 罗汉钢, 张求东, 等, 2008. 氮钾肥用量对水稻主要病虫害发生及产量的影响. 华中农业大学学报, 27(4): 732-735.

张孝羲, 耿济国, 陆自强, 等, 1980. 稻纵卷叶螟生物学生态学特性研究初报. 昆虫知识 (6): 241-245.

张孝羲, 耿济国, 顾海南, 等, 1988. 稻纵卷叶螟(*Cnaphalocrocis medinalis* Guenée)种群生命系统模型的研究. 生态学报, 8(1): 18-26.

张孝羲, 耿济国, 周威君, 1981. 稻纵卷叶螟迁飞规律的研究进展. 植物保护, 6: 2-7.

张孝曦, 耿济国, 陆自强, 1981. 稻纵卷叶螟寄生性天敌的初步观察. 应用昆虫学报, 18: 6-8.

张孝羲, 陆自强, 耿济国, 等, 1980. 稻纵卷叶螟迁飞途径的研究. 昆虫学报, 23(2): 130-140.

张孝羲, 陆自强, 耿济国, 1979. 稻纵卷叶螟雌蛾解剖在测报上的应用. 昆虫知识, 16(3): 97-99.

章玉苹, 黄炳球, 2000. 稻纵卷叶螟天敌的保护与利用. 昆虫天敌, 22(1): 38-44.

赵建伟, 何玉仙, 翁启勇, 2008. 诱虫灯在中国的应用研究概况. 华东昆虫学报, 17(1): 76-80.

浙江农业大学, 1982. 农业昆虫学. 上海: 上海科学技术出版社.

郑雪松, 2011. 稻纵卷叶螟对杀虫剂敏感性测定及防治混剂筛选. 南京: 南京农业大学.

郑许松, 陆婷, 徐红星, 等, 2010. 一种采集稻纵卷叶螟卵的高效简便新方法. 昆虫知识, 47(6): 1253-1256.

钟旭华, 黄农荣, 郑海波, 等, 2007. 水稻"三控"施肥技术规程. 广东农业科学 (5): 13-15, 43.

周国辉, 凌炎, 龙丽萍, 2012. 不同杀虫剂对稻纵卷叶螟的毒效研究. 中国农学通报, 28(6): 202-206.

朱平阳, 盛仙俏, 冯凤, 等, 2013. 应用性信息素诱集二化螟和稻纵卷叶螟技术. 浙江农业科学 (7): 825-826.

朱雪晶, 梁玉勇, 王梁全, 等, 2010. 不同水稻品种(系)对二化螟和稻纵卷叶螟的抗性比较. 江西农业学报, 22(2): 84-86.

祝增荣, 吕仲贤, 俞明全, 等, 2012. 生态工程治理水稻有害生物. 北京: 中国农业出版社.

庄家祥, 2014. 稻田人工释放赤眼蜂防治稻纵卷叶螟效果. 湖北植保 (13): 21-22.

BARRION A T, LITSINGER J A, MEDINA E B, et al., 1991. The rice *Cnaphalocr ocis* and *Marasmia* (lepidoptera: Pyralidae) leaffolder complex in the Philippines: taxonomy, bionomics, and control. The Philippine Entomologist, 8(4): 987-1074.

BHARATI L R, KUSHWAHA K S, 1988. Parasitoids of leaffolder (LF) pupae from Haryana, India. International Rice Research Newsletter, 13: 31.

BUDHWANT N P, DADMAL S M, NEMADE P W, et al., 2008. Efficacy of *Trichogramma chilonis* Ishii against lepidopteron pests and age of host eggs. Annals of Plant Protection Sciences, 16 (unpaginated).

CHELLIAH S, VELUSAMY R, 1985. Field screening for resistance to leaffolder. International Rice Research Institute Newsletter, 10: 9.

CHEN H, TANG W, XU C G, et al., 2005. Transgenic *indica* rice plants harboring a synthetic *cry2A** gene of *Bacillus thuringiensis* exhibit enhanced resistance against lepidopteran rice pests. Theoretical and Applied Genetics, 111: 1330-1337.

CHEN M, SHELTON A, YE G Y, 2011. Insect-resistant genetically modified rice in China: from research to commercialization. Annual Review of Entomology, 56: 81-101.

CHOU L Y, 1981. A preliminary list of Braconidae (Hymenoptera) of Taiwan. Journal of Agricultural Research China, 20: 71-88.

DUNG D T, 2006. Rice insect composition, leaf folder and their parasitoids in autumn crop 2005 in Gia Lam, Hanoi. Journal of Science and Development, 2: 1-7.

de KRAKER J, 1996. The potential of natural enemies to suppress rice leaffolder populations. PhD thesis, Wageningen Agricultural University. The Netherlands.

de KRAKER J, van HUIS A, van LENTEREN J C, et al., 1999. Egg mortality of rice leaffolders *Cnaphalocrocis medinalis* and *Marasmia patnalis* in irrigated rice fields. Biological Control, 44: 449-471.

de KRAKER J, van HUIS A, van LENTEREN J C, et al., 2000. Identity and relative importance of egg predators of rice leaffolders (Lepidoptera : Pyralidae). Biological Control, 19: 215-222.

GE L Q, WAN D J, XU J, et al., 2013. Effects of nitrogen fertilizer and magnesium manipulation on the *Cnaphalocrocis medinalis* (Lepidoptera: Pyralidae). Journal of Economic Entomology, 106(1): 196-205.

GURR G M, READ D M Y, CATINDIG J L A, et al., 2012a. Parasitoids of the rice leaffolder *Cnaphalocrocis medinalis* and prospects for enhancing biological control with nectar plants. Agricultural and Forest Entomology, 14(1): 1-12.

GURR G M, SCARRATT S L, WRATTEN S D, et al., 2004. Ecological engineering, habitat manipulation and pest management. Ecological Engineering for Pest Management: Advances in Habitat Manipulation for Arthropods // GURR G M, WRATTEN S D and ALTIERI M A. CABI Publishing, Wallingford, Connecticut: 1-12.

GURR G M, WRATTEN S D, ALTIERI M A, 2004, Ecological Engineering for Pest Management: Advances in Habitat Manipulation for Arthropods. CSIRO Publishing,Collingwood Australia.

GURR G M, WRATTEN S D, SNYDER W E, et al., 2012b. Ecological engineering strategies to manage insect pests in rice. // Gurr GM, Heong KL, Cheng JA, Catindig J . Biodiversity and insect pests: key issues for sustainable management. John Wiley & Sons, Ltd: 214-229.

HAN G J, XU J, LIU Q, et al., 2016. Genome of *Cnaphalocrocis medinalis Granulovirus*, the first Crambidae infecting Betabaculovirus isolated from rice leaffolder to sequenced. PLoS ONE, 11(2): e0147882.

HAN Y, LEI W, WEN L, et al., 2015. Silicon-mediated resistance in a susceptible rice variety to the rice leaf folder, *Cnaphalocrocis medinalis* Guenée (Lepidoptera: Pyralidae). PLoS ONE, 10(4): e0120557.

HAN Y Q, LI P, GONG S L, et al., 2016. Defense responses in rice induced by silicon amendment against infestation by the leaf folder *Cnaphalocrocis medinalis*. PLoS ONE, 11(4): e0153918.

HANIFA A M, SUBRAMANIAM T R, PONNAIYA B W, 1974. Role of silica in resistance to the leaf roller, *Cnaphalocrocis medinalis* Guenée, in rice. Indian Journal of Experimental Biology, (12): 463-465.

HEONG K L, SCHOENLY K G, 1998. Impact of insecticides on herbivore-natural enemy communities in tropical rice ecosystems. Ecotoxicology: Pesticides and Beneficial Organisms, 41: 381–403.

ISLAM Z, KARIM ANMR, 1997. Leaf folding behaviour of *Cnaphalocrocis medinalis* (Guenée) and *Marasmia patnalis* Bradley, and the influence of rice leaf morphology on damage incidence. Crop Protection, 16(3): 215-220.

JIANG L B, CHENG J, ZHU Z F, et al., 2014. Impact of day intervals on sequential infestations of the rice leaffolder *Cnaphalocrocis medinalis* (Guenée) (Lepidoptera: Pyralidae) and the white-backed rice planthopper *Sogatella furcifera* (Horváth) on rice grain damage. International Journal of Insect Science, 6: 23-31.

KAWAZU K, SHINTANI Y, TATSUKI S, 2014. Effect of multiple mating on the reproductive performance of the rice leaffolder moth, *Cnaphalocrocis medinalis* (Lepidoptera: Crambidae). Applied Entomology and Zoology,49:519-524.

KAWAZU K, ADATI T, TATSUKI S, 2011. The effect of photoregime on the calling behavior of the rice leaf folder moth, *Cnaphalocrocis medinalis* (Lepidoptera: Crambidae). Japan Agricultural Research Quarterly, 45 (2): 197-202.

KHAN Z R, BARRION A T, LITSINGER J A, et al., 1988. A bibliography of rice leaffolders (Lepidoptera: Pyralidae). International Journal of Tropical Insect Science, 9(2): 129-174.

KIM S S, HONG Y P, 2011. The Stereospecific synthesis of the rice leaffolder moth sex pheromone components from 1,5-cyclooctadiene. Bulletin of the Korean Chemistry Society, 32(8): 3120-3122.

KUMAR S, KHAN M A, 2005. Bio-efficacy of *Trichogramma* spp. against yellow stem borer and leaf folder in rice ecosystem. Annals of Plant Protection Sciences,

13 (unpaginated).

LANDIS D A, WRATTEN S D, GURR G M, 2000. Habitat management to conserve natural enemies of arthropod pests in agriculture. Annual Review of Entomology, 45: 175-201.

LAM P V, 1996. Contributions to the study on fauna of hymenopterous parasitoids in Vietnam // Selected Scientific Reports on Biological Control of Pests and Weeds (1990—1995), Vietnam: Agriculture Publishing House: 95-103.

LAM P V, 2000. A list of rice arthropod pests and their natural enemies. Vietnam (in Vietnamese): Agriculture Publishing House.

LAM P V, 2002. Findings on collecting and identifying natural enemies of key pests on economic crops in Vietnam. Natural Enemy Resources of Pests: Studies and Implementation. Book 1, Vietnam (Vietnamese with English abstract): Agriculture Publishing House: 7-57.

LAM P V, THANH N T, 1989. Several results of surveys for parasitoids and predators of insect pests in rice fields. Scientific Reports of Research on Plant Protection during 1979–1989, Vietnam (Vietnamese with English abstract):Hanoi Agriculture Publishing House: 104-114.

LITSINGER J A, CANAPI B L, BANDONG J P, et al., 1987. Rice crop loss from insect pests in wetland and dryland environments of Asia with emphasis on the Philippines. Insect Science and its Application, 8: 677-692.

LIU F, CHENG J J, JIANG T, et al., 2012. Selectiveness of cnaphalocrocis medinalis to host plants. Rice Science,19(1): 49-54.

LU Z X, YU X P, HEONG K L, et al., 2007. Effect of nitrogen fertilizer on herbivores and its stimulation to major insect pests in rice. Rice Science, 14(1): 56-66.

MA S J, 1985. Ecological engineering: application of ecosystem principles. Environmental Conservation, 12(4): 331-335.

MITSCH W J, JØRGENSEN S E, 2003. Ecological engineering: A field whose time has come. Ecological Engineering, 20(5): 363-377.

NADARAJAN L, SKARIA B P, 1988. Leaffolder resurgence and species composition in Pattambi. International Rice Research Institute Newsletter, 13: 33-34.

ODUM H T, 1962. Man and the ecosystem // WAGGONER P E, OVINGTON J D. Proceedings of the Lockwood Conference on the Suburban Forest and Ecology. New Haven, USA: United Printing Services: 57-75.

OOI P A C, SHEPARD B M, 1994. Predators and parasitoids of rice insect pests // Heinrichs E A. Biology and Management of Rice Insects. John Wiley & Sons, New York, New York: 585-612.

PANDA S K, SHI N, 1989. Carbofuran-induced rice leaffolder resurgence. International Rice Research Institute Newsletter, 14: 30.

PASALU I C, MISHRA B, KRISHNAIAH N V, et al., 2004. Integrated pest management in rice in India: status and prospects // Birthal P S, Sharma O P. Integrated Pest Management in Indian Agriculture: Proceedings 11. National Centre for Agricultural Economics and Policy Research and National Centre for Integrated Pest Management, India: 25-37.

PATI P, MATHUR K C, 1982. New records of parasitoids attacking rice leaffolder, *Cnaphalocrocis medinalis* Guenée in India. Current China, 51: 904-905.

PUNITHAVALLI M, MUTHUKRISHNAN N M, RAJKUMAR M B, 2013a. Defensive responses of rice genotypes for resistance against rice leaffolder *Cnaphalocrocis medinalis*. Rice Science, 20(5): 363-370.

PUNITHAVALLI M, MUTHUKRISHNAN N M, RAJKUMAR M B, 2013b. Influence of rice genotypes on folding and spinning behaviour of leaffolder *Cnaphalocrocis medinalis* and its interaction with leaf damage. Rice Science, 20(6): 442-450.

RANDHAWA G J, BHALLA S, CHALAM V C, et al., 2006. Document on Biology of Rice (*Oryza sativa* L.) in India. National Bureau of Plant Genetic Resources, India.

RANI W B, AMUTHA R, MUTHULAKSHMI S, et al., 2007. Diversity of rice leaf folders and their natural enemies. Research Journal of Agriculture and Biological Sciences, 3(5): 394-397.

SAGHEER M, ASHFAQ M, MANSOOR-UL-HASAN, et al., 2008. Integration of some biopesticides and Trichogramma chilonis for the sustainable management of rice leaf folder, *Cnaphalocrocis medinalis* (Gueneé) (Lepidoptera: Pyralidae). Pakistani Journal of Agricultural Science, 45: 69-74.

SELVARAJ K, CHANDER S, SUJITHRA M, 2012. Determination of multiple-species economic injury levels for rice insect pests. Crop Protection, 32: 150-160.

SHANKARGANESH K, KHAN M A, 2006. Bio-efficacy of plant extracts on parasitisation of *Trichogramma chilonis* Ishii, *T. japonicum* Ashmead and *T. poliae* Nagaraja. Annals of Plant Protection Sciences, 14 (unpaginated).

SHEPARD B M, BARRION AT, LITSINGER J A, 2000. Friends of the rice farmer: helpful insects, spiders, and pathogens. International Rice Research Institute, Philippines.

SHONO Y, HIRANO M, 1989. Improved mass-rearing of the rice leaffolder *Cnaphalocrocis medinalis* (Guenée) (Lepidoptera: Pyralidae) using corn seedlings. Applied Entomology and Zoology, 24(3): 258-263.

SWEEZEY O H, 1931. Some recent parasite introductions in Hawaii. Journal of Economic Entomology, 24: 945-947.

TAIT E J, 1987. Planning an integrated pest management system. Integrated Pest Management // BURN A J, COAKER T H and JEPSON P C. Academic Press, U.K.:198-207.

van VREDEN G, AHMADZABIDI A L, 1986. Pests of rice and their natural enemies in peninsular malaysia. Centre for Agricultural Publishing and Documentation, The Netherlands.

WAY M J, HEONG, K L, 1994. The role of biodiversity in the dynamics and management of insect pests of tropical irrigated rice-a review. Bulletin of Entomological Research, 84: 567-587.

WU J, WU X, CHEN H, et al., 2013. Optimization of the sex pheromone of the rice leaffolder moth *Cnaphalocrocis medinalis* as a monitoring tool in China. Journal of Applied Entomology, 137(7): 509-518.

XU J, LI CM, YANG Y J, et al., 2012. Growth and reproduction of artificially fed

Cnaphalocrocis medinalis. Rice Science, 19(3): 247-251.

YANG Y J, XU H X, ZHENG X S, et al., 2012. Susceptibility and selectivity of *Cnaphalocrocis medinalis* (Lepidoptera: Pyralidae) to different Cry toxins. Journal of Economic Entomology, 105(6): 2122-2128.

ZHANG S K, REN X B, WANG Y C, et al., 2014. Resistance in *Cnaphalocrocis medinalis* (Lepidoptera: Pyralidae) to new chemistry insecticides. Journal of Economic Entomology,107(2):815-820.

ZHANG L, PAN P, SAPPINGTON T W, et al., 2015. Accelerated and synchronized oviposition induced by flight of young females may intensify larval outbreaks of the rice leaf roller. PLoS ONE 10(3): e0121821.

ZHENG X S, REN X B, SU J Y, 2011a. Insecticide susceptibility of rice leaffolder, *Cnaphalocrocis medinalis* (Lepidoptera: Pyralidae) in China. Journal of Economic Entomology, 104(2): 653-658.

ZHENG X S, YANG Y J, XU H X, et al., 2011b. Resistance performances of transgenic Bt rice lines T_{2A}-1 and T1c-19 against *Cnaphalocrocis medinalis* (Lepidoptera: Pyralidae). Journal of Economic Entomology, 104(5): 1730-1735.

ZHU P Y, WANG G W, ZHENG X S, et al., 2015. Selective enhancement of parasitoids of rice Lepidoptera pests by sesame (*Sesamum indicum*) flowers. Biological Control, 60(2): 157-167.

大村浩之, 津田勝男, 上和田秀美, 櫛下町鉦敏. 2000.人工飼料によるコブノメイガの飼育. 日本応用動物昆虫学会誌, 44(2): 119-123.

藤吉臨, 野田政春, 酒井久夫. 1980.イネ芽出し苗によるコブノメイガの簡易大量飼育法. 日本応用動物昆虫学会誌, 24(3): 194-196.

图书在版编目（CIP）数据

稻纵卷叶螟绿色防控彩色图谱／吕仲贤主编．—北京：中国农业出版社，2017.1
ISBN 978-7-109-22550-3

Ⅰ．①稻…　Ⅱ．①吕…　Ⅲ．①水稻害虫—螟蛾总科—病虫害防治—图谱　Ⅳ．①S435.112－64

中国版本图书馆CIP数据核字（2017）第003191号

中国农业出版社出版
（北京市朝阳区麦子店街18号楼）
（邮政编码 100125）
责任编辑　张洪光　阎莎莎

中国农业出版社印刷厂印刷　新华书店北京发行所发行
2017年1月第1版　2017年1月北京第1次印刷

开本：880 mm×1230 mm　1/32　印张：5.5
字数：150千字
定价：48.00元
（凡本版图书出现印刷、装订错误，请向出版社发行部调换）